이것은
변기가
아닙니다

이것은 변기가 아닙니다
–비비시스템, 화장실에서 시작되는 생태 혁명

2021년 3월 5일 초판 1쇄

지은이 조재원 · 장성익

편 집 김희중
본문 일러스트 전지우
제 작 영신사

펴낸이 장의덕
펴낸곳 도서출판 개마고원
등 록 1989년 9월 4일 제2-877호
주 소 경기도 고양시 일산동구 호수로 662 삼성라끄빌 1018호
전 화 031-907-1012, 1018
팩 스 031-907-1044
이메일 webmaster@kaema.co.kr

ISBN 978-89-5769-479-4 (03530)
ⓒ 조재원, 2021. Printed in Korea.
• 책값은 뒤표지에 표기되어 있습니다.
• 파본은 구입하신 서점에서 교환해 드립니다.

비비시스템, 화장실에서 시작되는 생태 혁명

이것은 변기가 아닙니다

조재원 · 장성익

BeeVi SYSTEM

개마고원

　물과 관련된 환경공학을 공부하던 유학시절, 내게 충격으로 남은
기억 하나가 있다. 당시 내가 유학하고 있던 미국 캘리포니아 지역에
서는 물 부족으로 지역간에 거의 전쟁에 가까운 분쟁이 벌어지고 있
었다. 마릴린 먼로 주연의 〈돌아오지 않는 강〉으로 유명한 콜로라도
강에서 큰 관을 통해 물을 캘리포니아로 가져왔는데, 콜로라도 주에
서 이를 차단하는 바람에 심각한 갈등이 일어났던 것이다. 그런데 이
문제를 샌디에이고 시가 하수처리장 방류수를 상수도 댐으로 보내
정수처리 후 수돗물로 공급함으로써 해결해냈다.

　하지만, 아무리 그래도 그렇지 하수처리장에서 나온 물을!? 과학
적인 방법으로 철저하게 수질을 관리한다지만, 깨끗하게 처리한다
해도 만약 우리나라였다면? 하수처리장 방류수를 재처리해 수돗물
로 제공한다는데 이를 선뜻 마시겠다고 할까? 아마도 기겁해서 거부
하지 않을까? 물이 상대적으로 부족하지 않았던 나라 출신인 나에게

는 어떻든 매우 낯설고 충격적인 일일 수밖에 없었다.

1990년대 미국에선 물 부족 지역을 중심으로 "Toilet to Tap", 즉 "화장실에서 수도꼭지로"라는 캐치프레이즈가 각종 학회나 학술논문 등에 심심찮게 등장했었다. 이 '화장실에서 수도꼭지로' 연구는 한국에서도 2000년 접어들면서 서서히 관심을 가지게 되었다. 중수도(수돗물 재이용 시설)나 하수 재이용 기술이 개발되어 적용되기 시작한 것이다. 나도 국가프로젝트로 진행된 하수 재이용 기술개발에 참여하게 되면서, 문득 물이 모자라 하수까지 처리해서 써야 한다면 화장실에서부터 물을 아낄 수 있는 방법은 없을까 고민하기 시작했다. 수돗물 사용량 중 약 20% 이상을 화장실에서 소비하기 때문이다. 물도 절약되고 수세식화장실에서 내보내는 똥오줌으로 인한 환경오염도 줄일 수 있다면 일석이조 아닌가. 이는 자연스럽게 생태화장실에 대한 관심으로 이어졌다.

사실 지구상의 온갖 오염물질·폐기물·쓰레기들에 대해선 그간 여러 과학기술을 적용하여 재활용하고 심지어 업사이클하려는 노력이 숱하게 시도되었고, 지금도 이어지고 있다. 그 결과로 재활용하고 업사이클한 제품이 거리낌 없이 사용될 수 있었던 데는 여러 단계를 거치는 과정에서 쓰레기·폐기물의 원래 모습은 지워지고 새롭게 거듭났기 때문이다. 그런데 폐기물의 하나인 인간의 똥오줌에 대해선 지금껏 얼마나 그런 변화의 기회가 주어졌던가. 정작 우리 자신의 몸에서 나온 것을 자연으로 돌려보내고 여러 단계를 거쳐 다시 우리에게 돌아오도록 업사이클하는 데 우리는 너무 인색했다. 그냥 물로 씻어 내버리면 하수처리장에서 알아서 처리하겠거니 믿고 지나쳤을 뿐이다. 아마도 똥을 재활용한다는 건 그 발상조차 더럽게 느꼈을 것이다.

그러나 실용적인 재활용과 업사이클 방법을 찾아내려는 관심과 노력을 인간 배설물에도 집중한다면 얼마든지 가능한 일이다. 인간이 만물의 영장이라고 으스대지만, 제 몸에서 나온 똥오줌조차 어쩌지 못해 지구환경에 폐가 되게 한다면 무슨 만물의 영장이란 말인가. 진정한 의미의 생태화장실에 대한 구상에는 이런 생각이 중요한 배경이었다.

그렇게 하여 똥과 오줌을 생태 순환의 사이클에 얹혀 흐르게 하기 위해 폐기물 재활용의 개념과 기술을 동원하며 시작된 발걸음은 단순히 수세식 화장실을 대체하는 데서 멈추지 않았다. 계속 분뇨의 퇴비화 과정, 바이오에너지 생산과정 등으로 확대와 확장을 거듭했다. 단순한 생태화장실 그 이상으로 발전해갔다. 그 결과 '비비(BeeVi) 변기' 탄생과 나아가 '비비시스템'의 창안, 더 나아가 이를 일정한 단위 공동체에 뿌리내리게 하기 위한 지역화폐(똥본위화폐)의 구상에까지 이르렀다. 동시에 이 과정은 환경과 생태의 순환에 대한 근본적 사고의 전환으로까지 나를 몰아갔다.(이 책에선 '비비변기'와 '비비시스템'의 바탕을 이루는 철학과 과학기술적 개요를 전달하는 데 집중할 것이다.)

물론 어떤 새로운 시스템이 기술로 구현된다고 사회가 이를 바로 받아주지는 않는다. 아무리 좋은 기술들로 시스템을 만들어 눈앞에 보여줘도 현실 적용에는 늘 저항이 따른다. 그러나 우리의 똥과 오줌을 이롭게 바꾸어 순환시키는 것을 과학이 도와주는 세상을 나는 꼭 만들어보고 싶다. 똥과 에너지, 퇴비를 연결하는 사회 인프라가 바꿔낼 수 있는 세상의 변화는 결코 적은 게 아니다. 그것은 어쩌면 우리가 어떤 미래 세상을 살기 원하느냐에 따라 저 의식 밑바닥의 근본적인 변화를 부르는, 그래서 급격한 변화를 가져오는 입구일 수도 있다.

코로나를 겪으며 마스크는 일상이 되었다. 여전히 불편하지만 정부의 방역 방향에 이견이 있는 사람들에게도 공공장소에서의 마스크 착용은 이제 습관이 되었다. 이는 우리에게 한 가지 새로운 깨달음을 제시하고 있는 듯하다. 뭔가 계기가 있다면 사회 전체가 단기간에도 바뀔 수 있다는 것이다. 도저히 불가능했을 전국민 마스크 착용이 지금 가능한 것처럼. 천리길도 한걸음부터라고 한다. 화석연료, 플라스틱, 수세식 화장실 등등도 어떤 계기가 있으면 바뀔 수 있다는 희망을 가져본다. 우리는 이제 그 긴 여정의 출발선에 섰다.

2021년 2월

조재원

차례

구보 씨의 어느 행복한 아침

싱그러운 숲이 내다보이는 창으로 따스한 햇살이 비쳐든다. 5월의 어느 일요일 아침, 아파트 10층에 사는 평범한 40대 회사원 구보 씨의 하루 일상이 시작된다. 여느 때 같으면 달콤한 휴일 늦잠을 즐겼겠지만 오늘은 일찍 일어났다. 고등학교 친구들과 한 달에 한 번씩 가는 정기 등산모임이 있는 날이기 때문이다. 구보 씨는 거실로 나와 한껏 기지개를 켠다. 아내와 중학생인 딸은 아직 자고 있다.

문득 아랫배에서 신호가 온다. 어제 저녁 오랜만에 식구들과 외식하면서 너무 많이 먹은 탓인지 안 그래도 어젯밤부터 속이 좀 불편했더랬다. 구보 씨는 하던 버릇대로 스마트폰을 챙겨 거실의 화장실로 향한다. 문을 열자, 수조 없는 변기만 덩그러니 자리하고 있다. 변기 뚜껑을 열자 대변과 소변의 자리가 나뉜 특이한 구조가 드러난다.

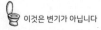

변기에 걸터앉은 구보 씨는 평소와 다름없이 시원하게 볼일을 본다. 그러곤 변기 옆에 달린 버튼 하나를 누른다. 변기에 장착된 바이오센서를 작동시킨 것이다. 그날의 대변과 소변을 분석해 건강 상태나 질병 유무를 진단해주는 장치다. 결과는 스마트폰으로 바로 알려준다.

들고 있던 스마트폰에서 오늘의 진단 결과를 확인한 구보 씨는 살짝 미간을 찌푸린다. 별다른 증상이 없긴 해도 오줌에서 아질산염이 검출되고 백혈구 수치가 조금 높게 나와 방광염이 의심된다는 결과가 나온 탓이다. 음, 조만간 병원에 들러서 더 정밀한 검사를 받아봐야겠군. 안 그래도 평소 건강관리에 소홀한 편인 구보 씨는 이렇게 생각하면서 오늘 등산에선 여느 때보다 땀을 더 흘려야겠다고 마음먹는다. 볼일이 끝낸 구보 씨가 또 다른 버튼을 누르자, 획 하는 소리와 함께 똥이 순식간에 구멍으로 빨려 내려간다. 오줌 역시 앞쪽 소변구로 흘러 내려간다. 예전처럼 물이 쏟아져 나와 씻어 내리지 않는데도 변기가 흔적도 없이 깨끗하다. 냄새도 나지 않는다.

구보 씨가 뜨거운 물로 샤워까지 마치고 나오니 그새 일어난 아내와 딸이 식탁에 앉아 도란도란 얘기를 나누고 있다. 휴일 아침식사 준비는 오래전부터 구보 씨 몫이다. 전기오븐으로 빵을 굽고 가스레인지를 켜서는 계란프라이도 만든다. 채소를 다듬어 샐러드도 만든다. 그러자 아내는 커피포트로 커피를 끓인다.

가볍게 아침식사를 마치니 약속 시간까지 약간의 여유가 있다. 구보 씨는 느긋하게 소파에 앉아 등을 기댄다. 그러고선 며칠 전에 받

이야기를 시작하며

은 이달치 관리비 고지서를 쓱 훑어본다. 그의 얼굴에 슬며시 미소가 번진다. 그도 그럴 것이 내야 할 가스요금, 전기요금, 수도요금, 급탕비(온수사용료) 등이 거의 없기 때문이다.

전에 살던 아파트에서는 이들 요금만 합쳐도 적잖은 액수였다. 빤한 월급쟁이인 그로서는 조금 부담스러웠다. 하지만 여기로 이사 와서는 이런 필수 생활비 지출이 크게 줄었다. 오늘 아침만 해도 구보 씨네 식구들은 씻고 음식 만들고 설거지 등을 하느라 전기, 가스, 물 등을 사용했다. 하지만 이 때문에 발생하는 비용 부담은 거의 없다. 사실 이 아파트가 이전에 살던 아파트와 다른 건 별로 없다. 크기도 구조도 엇비슷하다. 하지만 다른 건 딱 한 가지, 바로 저 평범하면서도 특이한 변기와 화장실뿐. 이제 일어서야 할 시각이다.

구보 씨는 현관으로 걸어가며 슬쩍 화장실 쪽을 쳐다본다. 새삼 마음이 뿌듯해진다. 그러면서 속으로 중얼거린다. 이게 다 저 화장실 덕분이야. 여기로 이사 오길 잘했어. 집을 나서는 구보 씨의 발걸음이 경쾌하다.

구보 씨 집에서는 무슨 일이 벌어지고 있는 걸까? 이 이야기가 무슨 공상과학소설 같은 데나 나오는 미래의 일을 그린 것일까? 아니다. 이 이야기에 등장하는 기술들은 거의 대부분 지금 우리 현실에서도 너끈히 구현되고 있다. 맘먹고 하기로만 들면 구보 씨 가족의 일상을 언제든 우리 모두 누릴 수 있다.

이 책은 이런 일을 가능케 해주는 '희한한' 변기와 화장실, 그리고

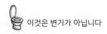

그것을 가능하게 한 새로운 시스템에 관한 이야기다. 주인공은 똥이다. 우리가 매일같이 누는, 우리 몸에서 나오는, 하지만 더럽고 냄새나고 쓸모없는 쓰레기로나 취급받는 바로 그 똥 말이다. 그러므로 이 책은 결국 똥에 관한 이야기이기도 하다.

똥 이야기라 하니 좀 불편한 느낌이 드는 이도 있을지 모르겠다. 하지만 이제 이 책을 읽는다면 그런 기분은 감쪽같이 사라질 것이다. 이 책은 똥을 둘러싼 부정적인 고정관념과 편견을 뒤집는다. 이 책에서 똥은 쓰레기가 아니다. 그와는 정반대로 귀한 자원이자 에너지의 원천이다. 우리를 더 좋은 세상과 더 나은 삶으로 이끌어줄 잠재력까지 품고 있다.

그래서 이 이야기는 화장실에서 끝나지 않는다. 이 이야기가 온전히 완성되려면 화장실 너머로 이어지는 또 다른 이야기들을 만나야 한다. 이들 이야기에는 자신의 배설물을 처리하는 방식과 시스템을 바꿈으로써 자기 자신은 물론 사회 전체에도 큰 도움과 혜택이 되는 길이 담겨 있다. 이 꿈을 이루어내는 신개념 화장실과, 이와 결합된 새로운 똥 처리 체계를 하나로 엮은 틀을 이 책에서는 '비비(BeeVi) 시스템'이라 부른다.

이 시스템에서 똥은 수세식 변기에서 시작되는 기존의 길을 가지 않는다. 전혀 다른 길을 간다. 새롭게 난 그 길에서 똥은 다채로운 변신과 재탄생을 거듭할 것이다. 이런 맥락에서 이 책은 '똥의 새로운 여행기'라고 할 수도 있다. 그럼 이제부터 비비시스템의 정체가 무엇인지를 탐구하는 여정을 함께 떠나보자.

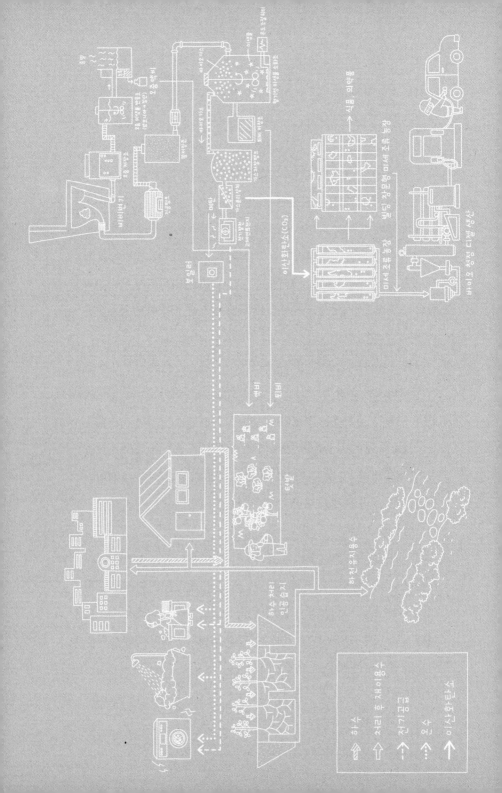

1장
똥의 재발견

쓰레기더미 속에서

　모든 인간 활동은 뭔가를 사용하면서 이루어진다. 먹으려면 음식이 필요하고, 입으려면 옷이 필요하다. 일을 하려면 연장이 필요하고, 이동하려면 탈것이 필요하다. 사람이 살아가는 데 필요한 이 모든 것은 또한 쓰다 보면 쓸모가 다하기 마련이다. 그리하여 쓰레기로, 폐기물로 버려진다.

　그래서 어쩌면 산다는 것 자체가 이런저런 온갖 종류의 폐기물들을 끝없이 만들어내는 과정인지도 모른다. 그러니 쓰레기 없는 생활이 오히려 상상하기 어렵다. 이는 달리 말하면 그 쓰레기들을 끊임없이 처리하며 살아야 한다는 뜻이기도 하다. 이것은 개인 차원에서도 그렇고, 한 사회나 전지구 차원에서도 그러하다. 알다시피 이런 쓰레기가 오늘날 아주 심각하고도 중요한 문제로 떠올라 있다. 이는 세

　　　　　　　　　　　　　　　　　　　　　　1장 똥의 재발견

가지 측면에서 살펴볼 수 있다.

첫번째는 양의 문제다. 집이든 공장이든 사람들이 생활하고 산업 활동 등이 이루어지는 모든 곳에서 어마어마한 양의 쓰레기가 끊임없이 버려진다. 산업화 시대에 이은 디지털 정보화 시대에는 얼핏 폐기물이 줄어들 것이라 여기기 쉽지만, 현실은 전혀 그렇지 않다. 갈수록 늘어나는 폐기물 문제가 얼마나 심각한지는 포장재 쓰레기가 상징적으로 잘 보여준다. 환경부의 '전국 폐기물 통계 조사'(2017년) 결과에 따르면, 우리나라에서 1년 동안 발생하는 생활쓰레기 가운데 약 40%가 포장재인 것으로 나타났다. 2019년 한 해에만 국민 한 사람당 택배 이용 횟수가 53.8회에 이른다는 조사 결과도 있다. 멀리 갈 것도 없다. 당장만 해도 코로나19 발생 이후 폭증한 포장재 쓰레기로 하치장마다 몸살을 앓는 현장을 목격하고 있잖은가. 지구 환경이 감당하기 힘들 정도로 많은 쓰레기가 발생하고 있다는 것은 부인할 수 없는 사실이다.

두번째는 질의 문제다. 산업화가 진행되면서 쓰레기는 그 이전에 비해 성분 자체가 크게 바뀌었다. 썩지 않는 플라스틱을 비롯해 갖가지 해로운 화학물질 성분이 크게 늘어났다. 자연은 물론 인간에게도 큰 해악을 끼치는 독성물질을 쏟아내는 것이 오늘날 쓰레기 문제의 또 다른 중요한 특성이다.

세번째는 물질 순환의 문제다. 본래 자연에는 쓰레기라는 개념 자체가 없다. 모든 것이 순환하기 때문이다. 예를 들어보자. 자연생태계에서 동물의 배설물이나 생물의 사체는 그냥 쓸모없이 버려지지 않는다. 이것들은 다시 흙으로 돌아가 대지에 영양분을 제공한다. 그럼으로써 수많은 생명이 살아가는 데 소중한 밑거름이 된다. 이쪽에선 얼핏 쓰레기로 버려지는 것처럼 보이지만 저쪽에선 소중한 원료나 재료가 된다. 생산-소비-분해가 다시 생산으로 이어지며 끊임없이 돌고 도는 것이 자연의 물질 흐름 시스템이다.

하지만 산업화와 도시화 등이 급격히 이루어지면서 이런 질서는 깨졌다. 오늘날 물질은 자연의 순환 리듬을 따르지 않는다. 생산-소비-폐기로 이어지는 인공의 질서, 즉 일직선으로 흐르다 '폐기'라는 단절을 만나는 것이다. 이것이 오늘날 쓰레기가 생겨나고 처리되는 방식의 근본 속성이다.

단절은 이후를 생각하지 않는다. 오늘날 대다수 사람들이 별다른 생각 없이 쓰레기를 버리게 되는 이유다. 버릴 것들을 모아서 집 밖에 내놓으면 이 쓰레기는 눈에 보이지 않게 말끔히 치워진다. '완벽한' 해결이다. 그러니 또 그냥 버린다. 물론 정해진 방식과 절차와 체계에 따라 별도의 장소로 옮겨져 처리되지만, 그런다고 아무런 문제가 없는가? 아니다. 본질적으로 쓰레기는 완벽하게 사라지지 않는다. 이를 잘 보여주는 예가 한반도 면적의 7배에 이른다는 북태평양의 '플라스틱 섬'이다.

이것은 물론 진짜 섬이 아니다. 바다 위를 떠돌아다니던 쓰레기들이 해류의 영향으로 이곳에 한데 모여 만들어졌다. 여기에 모인 쓰레기의 80%가 육지에서 버려져 흘러온 것들인데, 이 가운데 90%가 플라스틱 폐기물들이다. '플라스틱 섬'이라는 이름을 얻은 이유다. 이

플라스틱 더미들은 세월이 흐르면서 잘게 부스러진다. 물고기를 비롯한 바다생물들은 이것을 먹이로 착각해서 먹을 때가 많다. 이렇게 바다생물의 몸속으로 들어간 미세 플라스틱은 그 생물에게만 해를 끼치는 게 아니다. 먹이사슬의 흐름을 따라 종국에는 사람들 식탁에까지 이른다. 내가 버린 쓰레기가 돌고 돌아 결국은 다시 나한테로 돌아오는 셈이다.

쓰레기 문제의 속성이 이러하다. 우리는 쓰레기를 내놓지 않고는 살 수 없고, 사람이 버린 쓰레기는 땅과 물을 오염시킨다. 이런 쓰레기가 갈수록 양만 늘어나는 게 아니라 유해한 성분마저 많아지니 문제는 더 심각해질 수밖에 없다. 넘쳐나는 쓰레기를 어디에 버릴 곳조차 없어 골머리를 앓고 있는 게 오늘의 현실이다.

똥을 주목한 이유

쓰레기 없는 생활은 상상하기 어렵다고 했지만 이보다 더 상상하기 어려운 게 있다. 똥 없는 생활이 그것이다. 먹지 않고선 살 수 없는데 먹으면 반드시 나오게 돼 있는 것이 똥이다. 살아 있는 한 똥을 누지 않을 도리는 없다. 어쩌면 똥은 인간이 내놓는 최초의 쓰레기이자, 마지막까지 내놓을 최후의 쓰레기라고 말할 수도 있을 것이다. 우리가 노력하면 쓰레기 배출을 줄일 수는 있어도, 똥 배출을 줄일 수는 없기 때문이다.

알다시피 쓰레기 문제가 갈수록 심각해지면서 해결책 모색도 활발해졌고, 그 가운데서도 유력하게 떠오른 방법이 '재활용'이다. 물론 재활용이 모든 쓰레기 문제를 한 방에 해결할 만병통치약이나 요술지팡이라고 할 순 없다. 하지만 오늘날 쓰레기 문제를 해결하는 데서 재활용이 큰 비중을 차지하고 중요한 의미를 지닌다는 사실엔 이론의 여지가 없다. 실제로 기술 발달 등에 힘입어 물질 재활용의 영역이 갈수록 넓어지면서 다양한 분야에서 눈부신 성과를 내고 있다. 새로운 산업으로 각광받기도 한다. 똥의 경우는 어떨까? 그 옛날에도 똥을 재활용했는데 과학기술이 눈부시게 발전한 지금이야 옛날에 견주어 훨씬 더 개선되고 효율적인 방법으로 재활용할 수 있지 않을까?

그렇지만 똥에 대해선 대부분의 사람들이 재활용을 할 생각을 하지 않는 게 현실이다. 똥은 발생하는 순간 바로 치워야 하는 것일 뿐, 활용은 고사하고 보기도 싫어하며, 절대 가까이 두고 싶어 하지 않는다. 똥은 마치 '불가촉천민' 취급을 당한다. 똥은 그저 혐오와 기피의 대상일 뿐이다. 그 바람에 똥은 익숙하면서도 낯설고, 가까우면서도 먼 것이 되어버렸다.

사실 똥을 부정적으로 여기는 건 어제오늘의 일이 아니다. 물론 그럴 만한 이유는 충분히 있다. 똥은 더럽고 냄새도 고약하다. 세균이 가득해서 똥을 매개로 전염병이 옮겨지기도 하고, 기생충도 전파된다. 매일같이 쌓이는, 고체도 아니고 액체도 아닌 이 어정쩡하고도 처치 곤란한 똥을 어떻게 할 것인가. 이것은 인류의 아주 오래고도 골치 아픈 숙제였다.

특히 정착해서 살아가는 농경민족에게 이 문제는 중요했다. 수렵·채집생활이나 유목생활을 한다면 한 곳에 오래 머무르지 않고, 또 단위 면적당 인구도 얼마 되지 않으니 똥이 큰 문제가 되지 않았다. 하지만 많은 사람들이 한곳에 머무르며 살 때는 이야기가 달라진다. 똥을 효율적으로 처리할 필요가 커졌다. 이에 우리 조상들은 똥의 재활용법을 찾아냈다. 똥을 거름으로 만드는 게 그것이다. 똥을 그냥 땅에 묻거나 물에 흘려버리는 식으로 버리지 않고 삭힌 뒤 농사짓는 땅에 뿌리면 농작물을 키우는 거름이 되었다.

이는 인간이 먹고 배설한 것을 활용해서 먹을 작물을 기르는, 일종의 순환이기도 했다. 내가 눈 똥이 거름으로 변해 흙으로 돌아가고, 그 흙은 다시 생명을 머금고 열매를 맺으며, 그 열매는 다시 밥이 되어 나에게로 돌아왔다. '똥이 밥이요 밥이 똥이라는 말'은 이런 맥락에서 나왔다. 이런 방식은 세계 곳곳의 농촌 지역에서 수천 년간 지속되었다. 우리나라에서도 불과 몇십 년 전까지 흔히 '뒷간'이라 불렸던 옛날의 전통 화장실에 모인 똥을 거름으로 만들어 활용하는 모습을 볼 수 있었다.

그랬기에 옛날 시골에서 아이들이 남의 집에서 똥을 누고 오면 어른들한테 야단을 맞곤 했다. 그 귀한 것을 남의 집에 주고 왔으니 말이다. 또한 똥을 가리키는 한자 '분(糞)'을 민간에선 '쌀 미(米)'+'다를 이(異)', 이렇게 파자(破字)하기도 했다. 학술적 근거와는 별개로, 여기엔 그렇게 파자하고 싶어 하는 사람들의 생각이 담겼다고 할 수 있다. 즉 쌀의 다른 이름이 똥이라는 얘기다. 쌀이 다른 형태로 변한 것이라는 말이다. 그러니 이때의 똥은 땅을 비옥하게 만드는 영양분이자 작물을 키우는 거름으로 귀중한 자원이다. 무엇보다 여기엔 자연의 순환 원리에 걸맞은 '똥의 재활용'이란 관점이 녹아 있다. 그 점이 중요하다. 똥도 재활용할 수 있고, 실제로 재활용해왔으며, 앞으로도 재활용해야 한다. 물론 과거와 같은 방식은 아니겠지만.

똥의 재활용을 강조하는 이유는 무엇보다 똥이 그냥 쓰레기로 버려짐으로써 발생하는 폐해가 이만저만이 아니기 때문이다. 우선은 똥의 발생량 자체가 어마어마하다. 우리나라 성인은 하루에 평균 200g 정도의 똥을 눈다. 대체로 1년이면 자기 몸무게 안팎에 이르는 양이 된다고 한다. 물론 식사의 양이나 종류, 식습관 등에 따라 사람마다 차이가 크다. 어떻든 평균수명을 80세라고 가정할 때 한 사람이 평생에 걸쳐 누는 똥은 무려 6톤에 이른다는 계산이 나온다. 한 사람만 해도 이 정도에 이르는 양의 똥을 78억 인류 전체가 배출한다고 생각해보라. 이 대부분이 그냥 쓰레기로 버려지는 게 지금 현실이다. 안 그래도 심각하기 그지없는 쓰레기 문제, 환경오염 문제를 더욱 악화시키는 주범 가운데 하나가 되는 것이다. 똥을 재활용한다면 환경오염을 크게 줄일 수 있다는 이야기다.

물론 똥은 쓰레기로 처리되는 온갖 것 가운데 하나에 지나지 않는다. 똥이 일으키는 문제 또한 쓰레기가 야기하는 전체 문제 가운데 일부일 뿐이다. 하지만 똥은 독특한 속성을 지니고 있다. 똥은 여느 쓰레기와는 달리 인공적으로 만들어내는 것이 아니다. 어떤 특정한 소비를 목적으로 만들어진 것도 아니다. 사람이 살아 있고 인류가 존속하는 한 불가피하게 생성될 수밖에 없다. 애당초 줄이거나 없앨 수 있는 게 아닌 것이다. 그러니 어떻게든 처리해야 한다. 재활용할 방도가 없다면 얘기는 달라지겠지만, 얼마든지 재활용할 수 있는 방법과 기술이 있다면? 게다가 그 재활용의 결과로 유용한 쓸모를 얻을 수 있다면?

그렇게만 된다면 똥의 재활용은 이중의 긍정적인 효과를 낳는다. 하나는 똥을 쓰레기로 버렸을 때 발생하는 문제를 사전에 제거하는 것이다. 다른 하나는 새로운 가치와 쓸모를 창출하는 것이다. 그럼으로써 똥은 인간과 자연 모두를 이롭게 하는 데 톡톡히 이바지할 수 있다. 어차피 영원히 쏟아져 나올 수밖에 없는 게 똥이라면 이렇게 '누이 좋고 매부 좋은' 일을 안 할 이유가 있겠는가. 수많은 쓰레기 가운데서도 각별히 똥을 주목해야 하는 것은 이런 이유에서다.

수세식 화장실에서 벌어지는 일

진단이 정확해야 올바른 처방도 나올 수 있는 법. 그렇다면 오늘날 똥의 현주소는 어떠한가? 실제 어떻게 처리되고 있고, 그 결과 어떤 문제가 발생하고 있는가?

문제의 시작점은 수세식 화장실이다. 요즘은 어딜 가든 수세식 화장실이 갖추어져 있다. 편리하고 깨끗하다. 게다가 비데까지 설치한

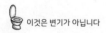

[현재의 하수처리(분뇨 포함) 시스템]

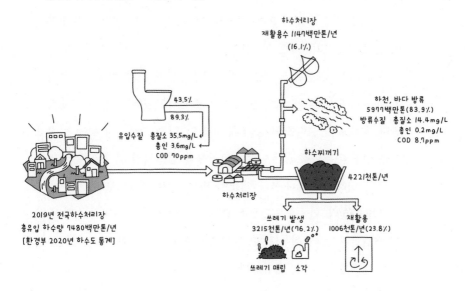

하수처리장
재활용수 1147백만톤/년
(16.1%)

하천, 바다 방류
5977백만톤(83.9%)
방류수질 총질소 14.4mg/L
총인 0.2mg/L
COD 8.7ppm

43.5%

89.3%

유입수질 총질소 35.5mg/L
총인 3.6mg/L
COD 70ppm

하수찌꺼기

4221천톤/년

2019년 전국하수처리장
총유입 하수량 7480백만톤/년
[환경부 2020년 하수도 통계]

하수처리장

쓰레기 발생
3215천톤/년(76.2%)

재활용
1006천톤/년(23.8%)

쓰레기 매립   소각

집도 많다. 참 쾌적하다. 그래서 좌변기에 편히 앉아 볼일을 본 뒤 버튼만 누르면 뒤처리까지 다 알아서 해준다. 또 다른 버튼이나 레버를 누르면 곧바로 물이 쏟아져 나오면서 내 몸에서 나온 배설물을 깔끔하게 씻어 내린다. 그러면 배설물은 아무런 흔적도 남기지 않은 채 완벽하게 눈앞에서 사라진다.

그럼 이 '사라진' 배설물들은 실제로는 어디로 갈까? 2000년대 중반 이후 지어진 신축건물들은 배설물이 바로 하수도로 이어지는 시설을 갖추고 있어 하수처리장으로 다이렉트로 이동하게 된다. 하지만 그렇지 않은 건물들에서는 지하에 설치된 정화조로 먼저 간다. 그곳에서 물과 함께 변기 아래로 내려간 배설물들 중 고형물들은 아래에 가라앉고, 액체들은 거름막을 통과해 하수도로 배출된다. 정화조가 다 차고 나면 우리가 흔히 '똥차'라고 부르는 분뇨 수거 차량이 와서 싣고 하수처리장으로 이동한다.

하수처리장(요즘은 '물재생센터'로 이름이 바뀌었지만 이해를 위해 계속 이렇게 부르겠다)에 들어온 오수(汚水)에서는 먼저 이물질을 제거한다. 물티슈나 플라스틱 등의 분해가 안 되는 쓰레기가 섞여 있기 때문이다. 다음으로 침전지에서 고형물을 침전시킨 뒤 가라앉은 찌꺼기('슬러지'라고 한다)를 긁어모아 별도 처리 공정으로 보내 분해 과정을 거친다. 최종적으로 남은 슬러지는 탈수 후 뭉쳐져서 소각 또는 매립한다. 똥의 최후다. 한편 슬러지와 분리된 물은 정화 처리를 거쳐 가까운 하천으로 방류된다.

이 하수처리 시스템이 현대 문명이 일궈낸 중요한 성과임은 분명하다. 이런 현대적인 방식의 하수처리장이 나오기 전까지 도시에서 사람의 분뇨는 강으로 그냥 흘러들거나 거리에 버려지기 일쑤였다. 특히 산업혁명으로 도시가 커지면서 그 문제는 더 심각해졌다. 그 때문에 각종 수인성 질병이 발생했는데, 1848~1849년 런던 시민 1만 4000명이 콜레라로 사망하기도 했다. 우리나라도 예외는 아니었는데,『독립신문』은 1897년 9월 2일자 기사에서 "지금 서울 안에 있는 사람들의 먹는 물이 대소변 거른물 섞인 물을 먹는 것이라. 그 물 한 방울을 현미경 밑에 놓고 보면 그득한 것이 버러지 같은 생물인데, 그 생물에 대개 열 사람이면 아홉은 체증이 있다든지 설사를 한다든지 학질을 앓는다든지 무슨 병이 있든지…"라고 전하고 있다. 하수

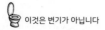

처리 시스템의 발달로 공중위생과 건강은 크게 향상될 수 있었다.

그렇다고 지금의 이런 방식에 아무 문제가 없을까? 그렇지 않다. 우리가 지금 방식의 장점을 인정하되, 만족하지 않고 새로운 길을 찾아야만 할 이유가 있다.

똥이 환경 파괴의 주범?

오염과 낭비. 지금의 똥 처리 시스템이 일으키는 문제의 핵심은 이 두 가지다. 먼저 오염 문제를 들여다보자.

눈여겨볼 것은, 똥은 쓰레기이면서도 여느 쓰레기처럼 매립장이나 소각장으로 가지 않는다는 점이다. 똥은 수돗물과 섞여서 하수처리장을 거쳐 하천으로 흘러간다. 여기에 결정적인 문제가 있다. 똥이 물과 섞여버린다는 사실이 그것이다. 똥과 물은 어울리지 않는다. 왜 그럴까?

똥은 유기물이 듬뿍 담긴 물질이다. 사람의 똥은 질량을 기준으로 할 때 대체로 75~90%가 물이고 나머지 10~25%의 대부분은 유기 물질로 이루어져 있다. 똥이 가는 장소가 물이어서는 안 되는 까닭은 이처럼 똥에 유기물이 많이 포함돼 있어서다. 유기물은 물속에서 분해되지 못한다. 유기물을 분해할 수 있는 것은 미생물이고, 미생물이 있는 곳은 흙이다. 그래서 똥이 흙으로 가면 땅을 비옥하게 만들고 작물을 키우는 자원이 된다. 반대로 똥이 수세식 변기에서 물과 섞이

[똥의 성분]

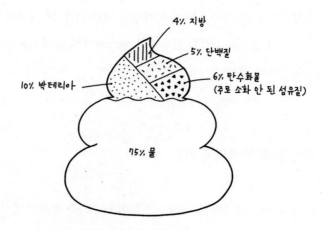

4% 지방
5% 단백질
6% 탄수화물
(주로 소화 안 된 섬유질)
10% 박테리아
75% 물

면 쓰레기가 될 뿐이다. 흙과 그 속에 담긴 미생물을 만나면 행복해지지만, 물을 만나면 불행해지는 게 똥이다. 그래서 하수처리장에서 똥을 분해하려면 여러 과정을 거쳐 물과 유기물질을 분리해주고, 생화학적 환경을 따로 만들어줘야 하는 것이다.

수세식 화장실에서 사용되는 모든 물은 정수된 상태로 공급되는 수돗물이다. 이런 물에 우리는 배설을 한다. 그 물은 오염된 채로 하수처리장으로 가서 다시 정화 과정을 거친다. 물론 변기에서 나온 물뿐만 아니라 갖가지 생활하수와 공장이나 사업장에서 나오는 폐수도 같이 섞여 있다. 여기서 정화 과정을 거친다고는 해도 이 물이 그냥 방류되기에 충분할 만큼 깨끗할까?

일반적으로 물의 오염도를 측정하는 지표로는 BOD와 COD 등을 사용한다. BOD(생물화학적 산소요구량)란 미생물이 물속의 유기

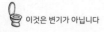

물을 분해하는 데 필요한 산소의 양을 의미한다. COD(화학적 산소요구량)란 물속의 유기물 등과 같은 오염물질을 산화제를 사용하여 처리하는 데 필요한 산소의 양을 가리킨다. 둘 다 수치가 높을수록 오염이 심하다는 뜻이다. 현재 우리나라 하수처리장의 방류수 처리 기준은 이렇다. 방류수의 양이 하루 500톤 미만인 하수처리장은 BOD, COD가 각각 $10mg/L$, $40mg/L$ 이하여야 한다. 500톤 이상을 방류하는 하수처리장은 BOD, COD가 각각 $5mg/L$, $20mg/L$ 이하여야 한다.

문제는 설령 하수처리장 방류수가 이 기준치를 충족한다 하더라도 수질 상태가 좋다고 볼 순 없다는 점이다. $5mg/L$이라고 해도 수질 등급 기준으로 하면 3급수 정도다. 실제로 지금 우리나라 하수처리장에서 나오는 물의 수질 상태는 생태계가 평소 모습을 '간신히' 유지할 수 있을 정도라고 보면 된다. 그러니까 눈에 확 띄는 심각한 문제를 일으키지는 않더라도 수질이 깨끗하지는 않다는 것이다. 때문에 방류수 처리 기준치라는 것은 최소한의 오염 방지 수준에 지나지 않는다고 할 수 있다.

여기서 주목할 것이 질소와 인(燐)이다. 이것들이 수질을 악화시키는 데 큰 영향을 미친다. 질소와 인은 유기물질 속에 많이 함유돼 있는데, 이 둘은 플랑크톤의 양분이 되는 영양염류다. 그래서 물속에 질소와 인이 많아지면 플랑크톤이 비정상적으로 증식하여 수질이 저하되는 현상이 일어난다. 이것이 부영양화다. 강이나 바다에서 수질오염의 대명사로 여겨지는 녹조와 적조 현상이 나타나는 것도 부영양화의 결과다. 그 결과 녹조나 적조는 물고기 폐사나 악취 등과 같은 여러 문제를 일으킨다.

BOD와 COD의 허점이 여기에 있다. BOD와 COD는 수질오염의 주범 가운데 하나인 질소와 인 자체의 양을 측정하는 게 아니라 유기물을 분해하고 처리하는 데 필요한 산소의 양을 측정하는 지표다. 수질오염의 정도나 양상을 정확하게 파악하기에는 한계가 있다는 얘기다. 때문에 BOD와 COD가 기준치를 충족할 정도로 낮아도 질소와 인이 많으면 그 물은 오염될 수밖에 없다. 거꾸로 말하면, BOD와 COD가 높은 물이라 해도 질소와 인이 아주 적다면 수질을 양호하게 유지할 수 있다.

그래서다. 하수처리장에서 깨끗한 물을 내보내려면 기존 방식처럼 BOD와 COD를 기준치 이하로 관리하는 차원을 넘어서야 한다. 특히 질소와 인의 농도를 낮추는 것이 급선무다. 질소와 인을 떨어뜨리면 수질 개선 효과가 아주 커진다. 이렇게 질소와 인을 제대로 처리하는 것을 고도 하수처리라 부른다. 부영양화 문제가 커지면서 우리나라에서도 하수처리장에 고도 하수처리 시설을 갖추는 경우가 늘고 있다.

중요한 것은 하수처리장으로 유입되는 전체 질소의 43.6%와 인의 89.3%가 사람 배설물에서 나온 것이라는 점이다. 분뇨가 수질오염의 '돌격대' 비슷한 것이라 해도 과언이 아니다. 사람 배설물이 수질오염의 주범이라는 얘기가 낯설게 들릴 수도 있고 의구심이 들 수도 있을 것이다. 실제로, 수질오염의 원인으로 축산분뇨가 더러 거론

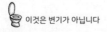

우리가 배출하는 똥은 물을 얼마나 오염시키나

여기선 하나의 대표적인 증거 사례로 2020년 과천시 하수처리장의 수질 현황 자료를 살펴보자. 구체적으로 얘기하자면, 사람 배설물에 들어 있는 질소와 인이 과천시 하수처리장에 유입되는 전체 질소와 인 가운데 어느 정도의 비중을 차지하는지를 알아보자는 것이다.

사람은 보통 하루에 200그램 정도의 똥을, 오줌은 대략 1리터 안팎을 눈다.(매우 다양한 통계가 있지만, 극단값을 제하고 중간값으로 잡았다.) 과천하수처리장으로 유입되는 똥의 총 질량 중에서 90%는 물이고 고형물질은 10%를 차지하는데, 고형물질 중에서 질소는 14~18%, 인은 약 3.7%인 것으로 조사되었다. 오줌에 들어 있는 질소 농도는 암모니아 438mg/L와 요소 4450mg/L, 인의 농도는 388mg/L로 조사된 바 있다.

과천하수처리장의 수질 자료로 계산한 결과, 여기로 유입되는 하수에 포함돼 있는 질소와 인의 양은 각각 하루 평균 846.7kg과 87.6kg이다. 과천 하수처리장으로 들어오는 하루 평균 사람 배설물(과천시 전체 인구 6만9391명 기준)의 양을 대략 계산했을 때 질소의 경우는 똥에서 194.2kg, 오줌에서 174.4kg가 나오고, 인은 똥에서 51.3kg, 오줌에서 26.9kg이 나온다. 이를 토대로 계산하면 과천시 하수처리장에 유입되는 오염물질 가운데 총 질소의 43.6%와 총 인의 89.3%가 사람이 배출한 똥과 오줌에서 나온 것이라는 결론에 이르게 된다.

되기는 했지만 사람의 분뇨 문제가 수질오염과 관련해 수면 위로 드러난 적은 거의 없다. 하지만 이는 객관적으로도 확인되는 사실이다.

이것이 뜻하는 바가 무엇일까? 만약 사람의 똥과 오줌을 수세식 화장실에서 물로 씻어 내리지 않는다면 수질오염의 주범인 질소와 인을 처리할 필요가 크게 줄어든다는 얘기다. 이는 곧 하수처리장으로 버려지는 사람의 배설물을 줄일 수만 있다면 전반적인 수질 관리가 훨씬 용이해질 거라는 뜻이다.

물론 수질 기준을 더 강화하거나 고도 하수처리 시설을 갖출 수도 있다. 하지만 그건 더 많은 비용과 에너지가 든다. 게다가 이런 조치를 취하더라도 근원적으로 수질오염을 막기란 불가능하다. 정화를

1장 똥의 재발견

한다고 해도 한계는 있기 때문이다. 정화 작업은 물론 필요하지만, 최선은 오염물질을 물에 섞어 배출하지 않는 것이다.

환경 파괴가 수질오염에서 끝나는 것도 아니다. 이런 방식의 시스템을 가동·유지하려고 전국 곳곳에 대규모 시설을 갖추고 있고, 또 더 갖춰나가야 한다. 그리고 이것을 계속 관리하고 운용해야 한다. 이 모든 과정에서 에너지와 자원이 사용된다. 그 결과 기후위기를 일으키는 온실가스 배출을 비롯해 다양한 환경 파괴가 일어난다. 이 모든 걸 종합할 때 결국 이렇게 얘기할 수밖에 없다. 수세식 변기와 하수처리장을 중심으로 하는 지금의 배설물 처리 시스템은 본질적으로 다양한 환경오염과 자연 훼손을 일으킬 수밖에 없는 '환경 파괴 시스템'이라고.

낭비의 악순환 고리가 겹겹이

낭비라는 측면에서는 어떨까? 먼저 얘기할 것은 물 낭비 문제다.

일반 수세식 변기에서 한 번 물을 내릴 때 사용되는 물의 양은 12~13리터다. 물론 변기에 따라 조금씩 차이는 있지만 보통 10리터는 넘는다. 노후한 변기에서는 20리터에 육박하는 물이 쏟아져 나오기도 한다. 이보다 물을 덜 쓰는 절수형 변기가 있긴 하다. 2012년 수도법 개정 이후 정부는 신축 건물에 대해 1회 물 사용량 6리터 이하의 절수형 대변기 설치를 의무화했다. 하지만 이는 겉치레에 그쳤다.

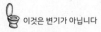

비용 절감을 위한 업자들의 편법 남용과 정부의 단속 부실 등이 맞물려 실효를 거두지 못한 탓이다. 환경부가 인증한 절수형 변기의 기준 또한 대변기의 경우 1회 물 사용량이 6리터 이하다. 하지만 이런 기준을 실제로 충족하는 변기가 설치된 곳은 드물다.

우리나라 사람이 하루에 화장실을 사용하는 평균 횟수는 남성은 5.5회, 여성은 7.5회라고 알려져 있다. 이를 기준으로 하면 한 사람이 날마다 변기에서 내리는 물의 양만 따져도 75~100리터에 이른다. 흔히들 사먹는 생수 페트병 큰 것 한 개에 담긴 물의 양이 2리터다. 우리는 매일같이 이 큰 생수병의 40~50개에 달하는 양의 물을 변기에 내버리고 있는 것이다. 비데를 쓸 경우 물 사용량은 당연히 더 늘어난다. 실제로 기존 수세식 화장실에서 똥과 함께 버려지는 물의 양은 똥의 50배가 넘는다. 그 결과 일반 가정에서 하루에 사용하는 수돗물 양의 25% 정도가 수세식 변기에서 쓰이고 있다.

지구에 물은 엄청나게 많다고? 그러니 걱정할 일이 아니라고? 그렇지 않다. 지구상에 존재하는 물 가운데 97%는 바닷물이며, 먹을 수 있는 담수, 곧 민물은 2.6% 정도밖에 되지 않는다. 그나마 이 가운데 3분의 2는 빙하나 만년설 형태로 존재한다. 그러므로 우리가 먹을 수 있는 물은 지구 전체 물의 1%도 채 되지 않는다. 지하수, 호수, 늪지, 강 등의 물이 여기에 포함된다. 우리는 이 귀한 물에 똥을 싸대고 있는 것이다.

우리나라가 물 부족 국가는 아니다. 그렇지만 지역적으로 물 부족 현상이 나타날 때는 더러 있다. 여름철에 비가 집중적으로 내리는 탓에 시기에 따라 물 부족이 생기는 것이다. 세계적 차원에서는 물 부족으로 커다란 고통에 시달리는 지역이나 사람들이 아주 많다. 78억 명이 넘는 전세계 인구 가운데 9억 명에 이르는 사람이 흙탕물을 마시거나 분뇨로 오염된 수원(水源)에서 물을 받아 마신다. 인류 전체의 3분의 1이 물 부족 인구로 분류되기도 한다. 이런 판국에 기후변화는 전지구적으로 물 부족 문제를 더욱 악화시킬 가능성이 높다. 우리나라도 여기서 자유롭지 않다. 수세식 변기 중심의 똥 처리 시스템이 일으키는 물 낭비 문제에 주목하지 않을 수 없는 까닭이다.

지난 2020년 4월 서울시 상수도사업본부는 이색적인 조사 결과를 발표했다. 2016년에서 2019년까지 4년 동안 서울 전역의 양변기에서 조금씩 새는 수돗물을 다 모으면 송파구에 있는 석촌호수를 가득 채우고도 남는다는 것이 주요 내용이었다. 양변기 뒤쪽에 설치된 변기 수조에 들어 있는 고무마개, 밸브 등과 같은 부속품이 마모되거나 헐거워지면서 물이 새는 일이 자주 발생한다고 한다. 변기를 오래 쓰다 보면 볼일을 본 뒤 씻어 내리는 물만이 아니라 평소에 그냥 변기 노후화로 새나가는 물만 해도 그 양이 만만찮은 것이다. 수세식 변기는 이렇듯 다양한 방식으로 물 낭비를 일으킨다.

그러나 가장 어처구니없는 낭비는 이 시스템이 안고 있는 자체 모순에서 비롯한다. 깨끗한 물에 똥오줌을 집어넣어 더러운 물로 바꾸고, 이렇게 오염된 물을 더 많은 물로 씻어 내린 뒤 멀리 떨어진 곳으로 보내고, 그것을 다시 깨끗한 물로 정화하려고 안달복달하는 시스템이란 점 말이다. 왜 우리는 이렇게 물을 더럽혔다가 큰 자원과 수

고를 들여서 다시 깨끗하게 만들어야 하는가? 다른 길이 없다면 모르겠지만, 더 환경적이고 효율적인 방법을 생각해봐야 하지 않겠는가 말이다.

오랫동안 우리는 이 시스템이 제공해주는 편리함이나 깨끗함에 길들면서 이것이 일으키는 문제들에는 둔감해졌다. 변기에 앉아 일을 보고 물만 내리면 모든 게 깨끗이 해결된다고 여겼고, 그와 함께 똥은 더럽고 냄새나고 가능한 멀리 떨어뜨려야 할 것이라는 생각은 확고해졌다. 우리는 자신이 배출하는 일반 쓰레기나 탄소에 대해서는 관심을 가지면서도, 자기 몸이 내놓는 똥오줌을 어떻게 처리할지에 관해서는 '다른 생각'을 할 능력을 상실해버렸다.

이제 기존의 관념과 편견에서 벗어나야 하지 않을까? 여기서 똥의 재활용이 지니는 의미는 똥이 일으키는 오염과 낭비의 폐해를 줄이는 일차원적인 수준을 넘어서야 한다. 똥에 담긴 다채로운 가치와 잠재력을 제대로 살린다면 우리는 많은 것을 얻을 수 있고 많은 일을 해낼 수 있다.

똥은 두 얼굴을 지녔다. 잘못 쓰이면 독이지만 잘 쓰이면 약이다. 애물단지이지만 동시에 복덩이일 수 있다. 문제인 동시에 대안을 품고 있는 것이다. 독이 약으로, 애물단지가 복덩이로, 문제가 대안으로 바뀌는 똥의 변신이 이 책에서 전하고자 하는 이야기다. 과연 똥의 새로운 대안은 무엇이며, 이를 어떻게 이룰 수 있을까?

가축분뇨는 되는데 인분은 왜?

똥이 가는 '새로운 길'에서 거쳐야 할 정거장이 한 군데 남았다. 참고할 유사 사례로서 축산분뇨 이야기다. 먼저 독일의 어느 농촌 마을로 가보자. 독일 중부 니더작센 주 괴팅겐 시 인근에 윤데 마을이라는 곳이 있다. 200여 가구에 800명 정도의 주민이 사는 조그만 마을이다. 주민 대다수는 괴팅겐 시내에서 일하고 아홉 가구만 농사를 짓는다. 이들은 밀이나 옥수수 같은 작물을 재배하면서 젖소와 돼지를 키운다. 얼핏 보기에도 도시 근교의 평범한 마을이다. 하지만 이 마을은 세계에서 가장 모범적인 바이오에너지 마을로 손꼽히는 곳이다.

윤데 마을에서 바이오에너지 프로젝트가 본격 출범한 것은 2004년부터였다. 마을 자체에서 조달할 수 있는 바이오매스를 활용하여 에너지를 생산하는 것이 핵심 사업이다. 바이오매스란 다양한 생물 유기체와 유기성 폐기물을 아울러 일컫는 말이다. 나무, 음식물 쓰레기, 축산분뇨, 볏짚이나 톱밥 같은 농업과 임업 부산물, 하수 슬러지 등이 여기에 포함된다. 바이오매스를 활용하여 만드는 에너지가 바이오에너지다. 바이오에너지는 '재생에너지'로 분류된다. 에너지를 생산하는 데 쓰이는 원료가 고갈되어 바닥나는 게 아니라 재생 가능하기 때문이다.

이 마을에서는 축산분뇨를 비롯해 농사와 산림 등에서 나오는 부산물로 바이오에너지를 생산하는 시설을 설치해 가동하고 있다. 이

독일 윤데 마을의 모습. 중앙의 시설들에서 축산분뇨를 활용해 에너지를 생산한다.

시설은 에너지 생산 공정에 필요한 혐기소화조, 밀폐저장조, 열병합 발전기 등을 두루 갖추고 있다. 현재 여기서 해마다 가축분뇨 1만 톤, 곡물 부산물 1만2000톤을 투입해 전력 500만kWh와 열에너지 400만kWh를 생산한다. 생산된 전력에서 200만kWh는 마을 주민들이 직접 사용하고, 300만kWh는 연방전력회사에다 판매한다.

이것이 마을과 주민들에게 안겨주는 '선물'은 다양하다. 우선 전기 판매로 발생하는 연간 수익이 우리 돈으로 13억 원에 이른다. 윤데 마을은 독일 재생에너지지원법에 따라 프로젝트 출범 후 20년 동안 높은 단가로 연방전력회사에 전기를 판매할 수 있는 혜택을 누린다. 마을로선 안정적인 수익을 확보하게 된 셈이다. 생산된 열에너지는 마을 전체를 연결하는 난방 시스템을 통해 주민들에게 공급된다.

주민들은 이것으로 난방을 하고 온수도 사용한다. 덕분에 생활비 지출이 크게 줄었다. 에너지를 생산한 뒤 나오는 축산분뇨 잔여물로 만든 완전 발효 퇴비를 무료로 제공받는 건 덤으로 누리는 혜택이다.

외국만의 일일까? 한국에도 이와 비슷한 사례가 있다. 강원도 홍천의 산골 마을인 소매곡리는 가축분뇨로 바이오가스와 퇴비를 생산하는 시설을 설치하여 친환경에너지타운으로 거듭났다. 생산된 가스는 주민들에게 공급되어 연료비를 절감시켜주고, 퇴비는 인근 골프장과 농지에 판매되기도 한다. 분뇨가 효율적으로 처리되면서, 악취도 사라지고 환경은 개선되었다. 이곳의 시설은 친환경 체험학습의 장으로도 활용되고 있다.

이런 가축분뇨 재활용 사례들은 많은 시사점을 준다. 가축분뇨에도 인분처럼 유기물이 많이 들어 있다. 미생물을 이용하면 이것을 에너지로 바꿀 수 있다. 이 에너지는 다양한 방식과 용도로 쓸 수 있다. 그 결과 단순히 퇴비 생산으로만 재활용할 때보다 더 다양하고 값진 효과가 나타난다. 가축분뇨는 폐기물로 버려지면 오염과 악취 등을 유발하는 골칫거리에 지나지 않지만 제대로 재활용하면 이처럼 소중한 자원이자 에너지원이 된다.

그런데, 가축의 똥과 별반 다르지 않은 사람의 똥은 왜 이런 길을 가지 못할까? 사람 배설물과 가축 배설물은 비슷한 물질로 이루어져 있어서 가축분뇨 재활용 기술과 인분 재활용 기술은 사실상 같다고 할 수 있다. 아니, 사실은 인분이 자원이나 에너지원으로 쓰기엔 가축분뇨보다 더 우수하다. 사람이 먹는 음식이 가축이 먹는 것보다 더 다양하고 영양분도 많이 들어 있기 때문이다. 이는 곧 미생물이 에너지 등을 생산하는 데 필요한 먹이가 가축분뇨보다 인분에 더 많이 들어 있다는 뜻이다. 한마디로 가축분뇨보다 인분이 더 좋은 재활용 대상이라는 얘기다.

게다가 가축분뇨에는 수분이 많은 편이다. 대체로 축산분뇨를 수거할 때 많은 양의 물로 씻어내면서 하기 마련이라 그렇다. 한데 이렇게 수분이 많이 함유돼 있으면 재활용할 때 시간과 비용이 더 많이 든다. 또 가축사료에는 항생제와 성장촉진제 등을 많이 넣는다. 당연히 가축분뇨에도 이런 해로운 성분이 들어 있다. 이 모두가 온전하고 효율적인 재활용에 걸림돌로 작용한다. 그러므로 상대적으로 이런 문제에서 더 자유로운 사람의 배설물을 재활용한다면 가축분뇨보다 더 나은 효용과 성과를 만들어낼 수 있는 것이다.

'출입금지' 팻말을 뽑아버리자

다시 묻자. 그런데도 왜 인분 재활용을 못할까? 여기엔 크게 두 가지 이유가 있다.

첫째는 구조의 장벽이다. 수세식 변기에서 하수처리장으로 이어지는 현재 시스템에서는 인분 재활용이 원천적으로 불가능하다. 똥을 재활용하려면 일단 똥을 따로 수거해서 모을 수 있어야 한다. 원료도 없이 뭔가를 만들 순 없는 노릇 아닌가. 그런데 지금의 하수처리장에는 똥과 함께 온갖 생활하수와 산업폐수 등이 다 뒤섞여 흘러들어온다. 이런 시스템은 애당초 구조 자체가 똥을 회수할 수 없도록 돼 있는 것이다.

재활용을 위해서는 분리 배출이 필수적이다. 종류별로 분류되지 않으면 재활용 가능한 것들도 그냥 버려지게 된다. 실제로 플라스틱의 재활용률은 30~40%밖에 안 된다고 한다. 여러 종류의 플라스틱이 뒤섞여 버려지고 이물질도 포함돼 있어 재활용 처리장의 선별 과정에서 그냥 폐기되는 것이 많은 탓이다. 축산분뇨를 재활용할 수 있는 이유는 이것들만 따로 거둬 모을 수 있기 때문이다.

둘째는 인식의 장벽이다. 이는 두 가지로 나누어볼 수 있다. 하나는 시스템에 관한 것이다. 현대사회와 현대인은 지금의 시스템에 깊이 길든 결과 이 시스템을 너무 당연한 것으로 받아들인다. 다른 하나는 똥 자체에 대한 부정적인 관념이다. 똥은 가능한 한 빨리 치워서 없애버려야 할 더럽고 쓸모없는 쓰레기라는 생각이 철벽같은 고정관념으로 굳어져 있다. 그 고정관념이 어느 정도냐 하면, 불과 얼마 전까지만 해도 방송 프로그램에서 '똥'이라는 말이 나오면 그 뒤 편집 과정에서 '삐이~' 소리 같은 음향을 덧씌워 지워버리곤 했다. 똥이라는 말을 입에 올리는 것 자체가 얼마나 거북살스러웠으면 그랬겠는가. 똥을 금기시하는 관성은 지금이라고 크게 다르지 않다. 이것이 똥의 새로운 길을 가로막는 또 하나의 장애물이다.

객관적 조건인 시스템과 주관적 요소인 사람들의 통념이 모두 이러하니 어떻게 되겠는가? 똥을 수세식으로 처리해서 하수처리장으

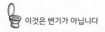

로 흘려보내는 방식 외에 다른 대안을 마련하려는 발상은 외면당하거나 배척당할 수밖에 없다. 이렇듯 사람의 똥은 더러운 폐기물이라는 낙인이 찍힌 채 여전히 범접하기 힘든 '출입금지 구역'으로 남아 있다.

물론 수세식 화장실은 깨끗하고 편리하다. 거대한 하수처리장은 곳곳에서 쏟아져 들어오는 그 많은 양의 하수를 척척 잘도 처리한다. 이 또한 편리하고 합리적인 것처럼 보인다. 둘 다 과학기술 발전의 중요하고도 인상적인 성취다. 하지만 보았듯이 이런 기존의 배설물 처리 시스템이 일으키는 폐해도 크다. 그 그늘 아래서 똥에 담긴 가치나 잠재력은 아깝게 사장되고 있는 것이다. 이제 똥 앞에 가로놓인 '출입금지' 팻말을 뽑아버리고 인분 재활용의 드넓은 경작지를 새롭게 개간해가야 하지 않겠는가. 여기서 나오는 소출의 혜택을 보다 많은 사람이 누릴 수 있다면 더더욱 좋지 않겠는가.

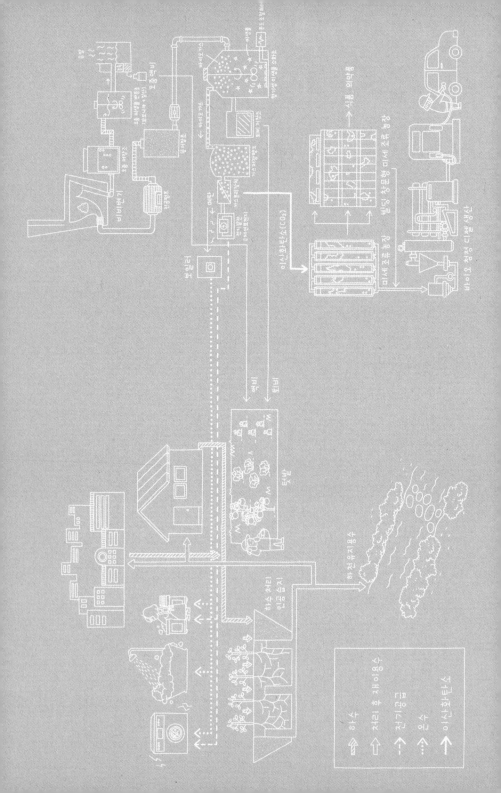

2장
굿바이, 수세식 변기

벌이 꿀을 만들 듯이

"똥 밟으면 그날 재수가 좋다" "화투에서 똥은 돈"이라는 등의 역
발상이 없는 건 아니다. 그러나 수세식 화장실이 분명 기발한 발명품
이었던 이유를 무시해선 안 된다. 똥은 결코 더럽지 않다며, 싫다는
사람에게 친환경이니 자연 친화니 하며 강요할 수는 없는 노릇이다.
오히려 수세식과 똑같이, 아니 수세식 변기보다 더 편리하고 깨끗하
게 만들어서 똥을 누면 그 뒤의 일은 과학적으로, 공학적으로 해결하
겠다는 접근이 필요하다. 새로운 변기, 새로운 생태화장실 시스템에
는 오히려 이런 것이 필요한 역발상일 것이다. 따라서 똥은 가능하면
많은 단계를 거친 이후에 완전히 다른 모습으로 다시 우리에게 돌아
오도록 해야 한다.

출발의 대전제에는 다음과 같은 점들이 고려되었다. 오염으로 인

한 비용을 없애기 위해서도 '최대한 남김없이' 똥오줌이 재활용되어야 한다, 물은 아예 쓰지 않을 수 있도록 하는 게 최선이다, 이로 인한 투입 비용면에서 충분히 경제성이 있어야 한다, 등등. 그리하여 똥이 에너지 만드는 곳에 쓰이고, 흙과도 만나고, 퇴비도 되어 원래 모습을 찾아볼 수 없이 변화된다면 사람들은 그것을 예전의 그 '똥'으로 보지 않을 것이다.

물론 이런저런 의문과 비판이 따랐다. 생태화장실을 만들자면서 전기를 사용할 수밖에 없는 진공수거장치를 꼭 써야 하는지? 지금 설치된 수세식 화장실의 도시 인프라를 다 바꿔야 하는데 그게 가능하겠는지? 경제성은 확보할 수 있을지? 등등의 의문이 쏟아졌다. 물론 새로운 생태화장실 시스템은 이런 질문들에 일일이 답해가는 과정에서 서서히 완성되었다. 사실 그것이 그렇게까지 어려운 일은 아니었다. 필요한 대부분의 기술들이 오래전부터 과학이란 이름으로 이미 개발되어 있었기 때문이다.

그리하여 탄생한 것이 독특한 이름의 '비비변기'다. 벌(Bee)과 비전(Vision)의 첫 음절을 따서 붙인 이름이다. 벌이 꿀을 만들 듯이 사람 배설물을 유익한 에너지와 자원으로 만들자는 뜻이 담겼다. 나아가 화장실을 바꿈으로써 세상을 바꾸자는 보다 큰 뜻도 품고 있다. 비비변기가 설치된 화장실은 '비비화장실'이라 부른다. 비비시스템이라는 명명도 여기서 비롯했음은 물론이다. 이제부터 비비변기에서 비비시스템에 이르기까지 그 전모를 하나하나씩 살펴나가보자.

많은 물을 쓸 수밖에 없는 수세식 변기

몸 밖으로 나간 똥의 여행은 변기에서부터 시작된다. 그래서 문제의 해결 또한 변기에서 시작돼야 한다. 똥에 담긴 가치가 쓰레기처럼 버려지는 첫 장소가 변기이니만큼 이는 당연한 일이다.

그렇다면 먼저 기존의 수세식 변기는 어떻게 작동하는지부터 알아야 할 것이다. 다 아는 얘기라고 치부할 수도 있겠지만, 비비변기를 제대로 이해하려면 이것이 기존 변기와는 어떤 점에서 본질적으로 다른가부터 정확히 확인하고 넘어갈 필요가 있다.

기존 수세식 변기 작동방식의 핵심은 이름 그대로 수세(水洗), 곧 물로 씻어 내리는 것이다. 그래서 이 변기에는 수조가 달려 있다. 수조는 상수도와 연결돼 있고, 변기의 구멍은 밑의 배수관을 거쳐 멀리 하수처리장까지 이어지는 하수관거와 연결돼 있다. 물론 다양한 형태와 디자인의 변기 제품이 나와 있지만 기본 구조는 이렇다.

이런 구조에서 평소에는 변기 내부에 일정한 양의 물을 담아두고 있다가 볼일을 본 뒤 물을 내리면 수조 안의 물이 쏟아져 나오면서 변기 내부의 배설물을 일시에 배출하는 방식으로 수세가 이루어진다. 그러고 나면 변기에는 다시 일정량의 물이 채워져 고이게 된다. 변기를 사용할 때마다 이런 방식이 무한 반복된다. 물이 대량으로 소모될 수밖에 없는 구조다.

새로운 변기에서 우선적이고도 근본적으로 달라져야 할 점은 변기에서 물을 없애는 것이다. 똥을 제대로 활용하려면 이렇게 물에 풀어져서는 안 되면, 다른 생활하수들과 섞여서도 안 된다. 이것을 최대한 구현한 것이 비비변기다. 기본적으로 비비변기에는 물이 거의 쓰이지 않는다. 극소량이 담겨 있긴 하지만, 이는 수세의 목적이 아니다.(그 용도는 뒤에서 따로 설명하겠다.) 배설물을 물로 씻어 내리지 않으니 물을 저장해두는 수조도 없고, 당연히 하수처리장으로 연결되는 배수관도 필요 없다. 이것이 가장 중요한 점이다. 굿바이, 수세식 변기! 비비변기는 이렇게 '수세식'과 작별을 고했다.

그럼 비비변기는 어떻게 생겼을까? 아래 그림에 비비변기의 기본적인 모습이 제시돼 있다.(실물 사진을 보고 싶은 분은 책 마지막을 보시길 바란다.)

얼핏 보면 기존 수세식 변기와 그리 다르지 않다. 그래서 사용할

[비비변기의 형태]

때에는 기존 변기와 마찬가지로 편히 앉아서 볼일을 보면 된다. 적어도 볼일을 보는 행위 자체에서는 별다를 게 없다. 그러나 같은 것은 여기까지다. 변기의 세부 구조, 배설물 처리 방식, 변기 작동 시스템 등은 전혀 다르다. 외양만 기존 수세식 변기와 비슷해 보일 뿐 비비변기는 전적으로 새로운 변기다.

비비변기의 비결

이제 비비변기를 좀 더 자세히 들여다보자. 가장 먼저 눈에 띄는 것은 변기 내부에 일종의 칸막이가 세워져 있다는 점이다. 이 때문에 변기 내부 공간은 두 구역으로 나뉜다. 이는 똥과 오줌을 분리하기 위한 목적이다. 사람이 변기에 앉아 있는 방향을 기준으로 할 때 뒤쪽에서는 똥을 처리하고, 앞쪽에서는 오줌을 처리한다. 똥과 오줌을 분리하는 이유는 이 둘을 재활용하는 방식과 용처가 서로 달라서다. 서로 다른 가치를 지닌 똥과 오줌이 한데 뒤섞여 물과 함께 씻겨 내려가는 기존의 수세식 변기와 비비변기는 이 점에서도 근본적으로 다르다.

이렇게 비비변기에서는 똥과 오줌이 각기 다른 통로를 거쳐 다른 곳으로 가게 된다. 우선 똥은 변기 내부의 경사면을 따라 아래로 쭉 미끄러져 내려가는데, 그 밑에 있는 배출구에는 똥의 운반 통로 역할을 하는 관이 연결돼 있다. 똥을 운반하는 원리는 진공흡입 방식이

2장 굿바이, 수세식 변기

다. 즉 볼일을 본 뒤 버튼을 누르면 이 관에서 순간적으로 발생하는 강력한 힘으로 똥을 획 하고 빨아들이는 것이다. 그 힘에 실려 똥은 순식간에 관을 통과해 다음 장소로 이동한다. 강력한 진공흡입력으로 똥의 '순간이동'이 이루어지는 것이다. 비행기 화장실의 변기를 떠올려보면 비슷할 것이다.

관의 흡입력이 충분히 발휘되는 거리는 수평이라면 $20m$ 정도까지가 적당하다. 물론 $20m$보다 더 길어도 똥 운반은 가능하다. 하지만 이동거리가 길어질수록 아무래도 도중에 힘과 속도가 떨어진다. 이리 되면 관 내부에 찌꺼기 같은 게 묻을 수 있다. 출발지점인 비비변기와 도착지점 사이에 낙차를 두면 아주 멀리까지도 갈 수 있다. 꼭 수직이 아니라 기울어져 있기만 해도 몇백m까지 가기도 한다. 물론 기울기의 정도에 따라 그 거리와 운반력은 달라진다.

오줌은 변기 앞쪽에 있는 별도의 배출구를 거쳐 따로 설치된 관으로 흘러가게 된다. 이처럼 똥과 오줌을 따로 처리하기에 비비변기에는 버튼이 두 개가 달려 있다. 하나는 대변 처리용이고, 다른 하나는 소변 처리용이다. 둘 다 배출됐으면 버튼 두 개를 다 누르면 된다. 두 버튼은 변기 옆에 나란히 붙어 있다.

아마도 이런 궁금증이 생길 것이다. 비비변기가 이런 방식으로 작동한다면 물로 씻어 내리는 수세식 변기처럼 똥이 깨끗하게 처리될 수 있을까? 혹여 냄새가 나고 변기가 지저분해지지 않을까?

결론부터 말하면 비비변기는 똥이든 오줌이든 상관없이 깔끔하게 처리한다. 냄새도 나지 않는다. 비결이 뭘까? 일차적 해법은 변기 내

[비비변기의 작동방식]

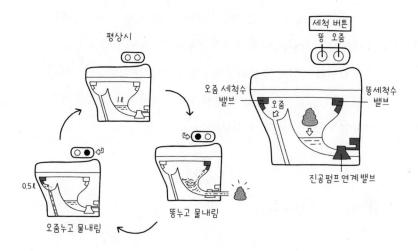

평상시

세척 버튼
똥   오줌

오줌 세척수
밸브

똥세척수
밸브

오줌

진공펌프 연계 밸브

오줌누고 물내림
0.5ℓ

똥누고 물내림

부의 도기 코팅이다. 도기 자체가 미끄럽지만, 여기에 코팅 기법까지 적용하면 변기에 똥 찌꺼기가 묻는 걸 방지할 수 있다. 자주 씻어도 마모되지 않는 것은 도기 코팅의 또 다른 장점이다. 이에 더해 비비변기는 똥과 오줌이 잘 미끄러져 내려가도록 변기 내부 경사면의 각도가 정교하게 맞추어져 있다. 똥과 오줌은 당연히 미끄러지는 정도가 서로 다르다. 액체인 오줌에 비해 똥의 경우는 이것이 더욱 중요하다. 비비변기에는 이렇게 해서 찾아낸 최적의 각도가 구현돼 있다. 똥을 빨아들이는 진공흡입관 내벽에도 똥 찌꺼기가 묻지 않는다. 똥을 빨아들이는 진공 펌프의 강한 흡입력이 그 비결이다.

　비비변기에서 냄새가 나지 않는 데는 또 다른 장치의 공헌도 크다. 공기를 빨아들이는 환기 장치가 그것이다. 이것은 오줌에 해당하는 얘기다. 오줌이 변기에서 배출돼 흘러가는 관의 끝부분에 설치돼 있는 이 환기 장치에서 공기를 변기 반대 방향으로 빨아들이기 때문에 오줌 냄새가 변기 쪽으로 올라가지 못한다. 그럼 똥 냄새는?

이와 관련해서 반드시 살펴보고 넘어가야 할 중요한 사항이 있다. 물에 관한 얘기가 그것이다. 이 이야기는 중요하기도 하고 흥미롭기도 하므로 조금 더 자세히 살펴보자.

비비변기에 물이란?

좀 전에 비비변기의 가장 중요한 특징으로 물을 거의 사용하지 않는다는 점을 꼽았다. 그런데 비비변기에서 물을 전혀 사용하지 않느냐 하면 그건 아니다. 정확히 말하면 똥을 처리할 때 1리터, 오줌을 처리할 때 0.5리터 정도의 물을 사용한다. 볼일을 본 뒤 대변용과 소변용 버튼을 누르면 각각 이 정도 양의 물이 흘러나온다. 기존 수세식 변기가 한 번 사용할 때마다 10리터가 넘는 물을 소비하는 걸 감안하면 비비변기는 '초절수 변기'라고 할 수 있다.

물론 미량일망정 비비변기에 물을 사용하는 데는 이유가 있다. 일단 물은 변기에서 세척 효과를 높이는 데 일정 부분 기여한다. 접촉면에 물기가 있는 만큼 더 깔끔하게 변기 안 경사면을 미끄러져 내려갈 수 있기 때문이다. 오줌의 경우도 물을 조금 내려주면 청결과 위생 측면에서 큰 도움이 된다. 물을 전혀 쓰지 않으면 변기 표면에 묻

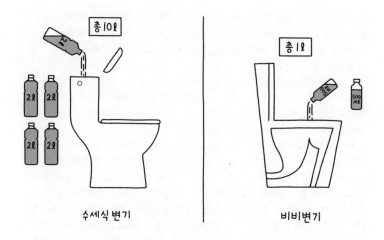

수세식 변기   비비변기

은 오줌이 말라붙게 되고, 이게 쌓이면 냄새도 나고 변기가 지저분해
진다. 위생에도 안 좋다. 그래서 오줌 흔적이 남지 않을 정도만큼의
물만 사용하는 것이다.

　똥 냄새를 없애는 데도 물은 중요한 구실을 한다. 똥을 처리하는
쪽의 변기 맨 아랫부분, 즉 진공흡입관이 시작되는 지점에 물이 조
금 담겨 있는 덕분에 똥 냄새가 올라오지 않기 때문이다. 무슨 얘기
냐면, 진공흡입관으로 똥을 빨아들인 뒤에는 물이 조금 흘러나오게
돼 있는데 흡입관의 변기 쪽 입구, 그러니까 똥 배출구 쪽에 밸브가
달려 있어서 이 물이 관으로 흘러내려가지 않도록 막아주는 것이다.
이 아주 적은 양의 물이 냄새를 막아주는 차단벽 역할을 한다. 이 상
태에서 다시 똥을 누고 버튼을 누르면 밸브가 열리고 진공흡입이 이

2장 굿바이, 수세식 변기

비비변기에 나노 코팅을 하지 않은 이유

비비변기가 청결과 위생 문제를 해결했지만, 더 완벽히 하기 위해 최첨단 기법인 나노 코팅도 가능했다. 나노물질을 변기 안쪽 도기 표면에 발라주는 것이다. 미국에서 개발돼 현재 상용화 단계에 있는 이 방법을 쓴다면 아마도 더 매끄럽고 흔적없이 똥이 배출될 수 있을 것이다.

나노물질의 성능은 연꽃잎을 떠올려보면 쉽게 알 수 있다. 비가 아무리 많이 와도 연꽃잎에서는 물방울이 동글동글하게 뭉쳐져 연꽃잎이 아주 조금만 흔들리거나 기울어져도 아래로 쭉 미끄러져 흘러내린다. 그래서 비가 와도 연꽃잎 표면은 매끈한 상태를 유지한다. 연꽃잎 표면에 천연 나노물질이 존재하기 때문이다.

그렇지만 비비변기에는 나노기술을 사용하지 않는다. 나노물질에 위험성이 상존하는 탓이다. 나노기술이란 한마디로 지극히 작은 것을 다루는 기술이다. 얼마나 작은가 하면 1나노미터(nm)는 10억분의 1미터다. 사람 머리카락 굵기의 10만분의 1 정도가 1나노미터다. 나노기술은 원자를 조작해서 아예 물질의 성질을 바꾸거나, 자연에는 존재하지 않지만 인간이 필요로 하는 물질을 먼저 설계한 다음 그것을 만들어낼 수 있게 해준다. 그 결과 이전에는 상상조차 할 수 없었던 신기하고도 놀라운 물질을 만들어낼 가능성이 열리고 있다.

하지만 여기엔 함정이 있다. 바로 물질의 크기가 지나치게 작아지면 예상치 못한 문제를 일으킬 가능성이 높다는 점이다. 물질의 모양, 크기, 형태 등을 인공의 방법으로 지나치게 극단적으로 변화시키면 예상하지 못했던 독성이 새롭게 생길 수 있다. 비비변기에 나노 코팅 기술을 적용하는 경우도 마찬가지다. 나노물질은 일반적으로 고분자물질에 (중)금속을 합성해서 만든다. 때문에 변기 표면에 부착된 나노물질에 유독 성분이 포함될 수 있고, 이것이 똥을 처리하는 과정에서 똥으로 옮겨갈 수 있다. 그럴 경우 예컨대 그 똥을 재활용하여 퇴비를 만들고 그 퇴비로 채소를 재배한다면, 나아가 그 채소를 우리가 먹는다면 종국에는 그 독성물질이 우리 몸속으로 들어올 수도 있다. 코팅된 나노물질이 미세하게라도 벗겨져 자연 속으로 유출되면 생태계에 악영향을 미칠 수도 있다. 나노물질의 안전성은 검증되지 않았다. 비비변기에 나노기술을 채택하지 않는 것은 이 때문이다.

루어진다. 이렇게 똥을 처리하고 나면 다시 밸브가 닫히고 물이 조금 흘러나와서 채워지는 식이다. 비비변기에서는 이런 방식으로 냄새를 없앴다.

얘기를 정리하자면 강력한 진공흡입, 도기 코팅, 공기 환기, 소량의 물 사용 등과 같은 여러 방법과 장치가 어우러져 시너지 효과를

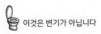

낸 결과 청결과 악취 문제가 해결됐다고 할 수 있다.(뒤에서 이야기하겠지만 물 사용에는 또 다른 장점도 있다. 소량의 물을 섞어줌으로써 똥을 분해하는 미생물의 활동을 도울 수 있다는 것이다.)

그러면 이 물은 어디서 어떻게 나오는 걸까? 비비변기에는 배설물을 씻어 내린 물을 내보내는 배수관은 없지만 물을 공급하는 수도관은 연결돼 있다. 그리고 여기에는 밸브가 달려 있다. 볼일을 본 뒤 버튼을 누르면 이 밸브가 물이 나오는 동안 잠깐 열렸다가 다시 닫히는 구조로 돼 있다. 밸브를 조절하면 물의 양도 조절할 수 있다. 변기에서 물이 나오는 곳은 기존 수세식 변기와 비슷하다. 변기 테두리 내부 윗부분에 설치된 작은 관을 통해 물이 회전하면서 변기 벽면을 타고 내려온다. 대변처리용 버튼을 누르면 진공흡입과 물 내림이 동시에 이루어진다.

결국 이렇게 보면 비비변기에는 모두 세 개의 관이 연결돼 있다는 것을 알 수 있다. 똥을 빨아들이는 진공흡입관, 오줌 배출관, 물 공급에 쓰이는 수도관이 그것이다.

건강까지 챙기는 착한 변기

내친김에 비비변기에 탑재된, 앞으로 무궁무진 발전할 가능성이 있는 '비밀병기'를 하나 소개하고 넘어가자. 똥과 오줌으로 건강 상태를 진단할 수 있는 장치, 곧 건강검진 센서가 그것이다. 기본적인 건강 진단뿐만 아니라 특정 질병의 유무까지도 알아낼 수 있는 고성능 센서, 일종의 '매화틀'인 셈이다.('매화틀'은 조선시대 왕들이 사용하던 이동식 변기를 말한다. 왕은 지고지존의 존재였기에 그 몸에서 나온 똥도 매화 향기가 난다고 하여 '매화'라는 고상한 존칭으로 불렸다. 임금이 매화틀에 '매화'를 배설하면 어의御醫가 그것의 형상·색깔·냄새·맛 등을 점검해 왕의 건강 상태를 진단하는 것이 당시의 관례였다.)

이런 최첨단 초소형 센서를 개발하려면 나노기술의 도움이 필요하다. 실제로, 현재 건강검진에 이용할 수 있는 센서를 개발하려고 세계적으로 많은 과학자들이 연구를 계속하고 있다. 2000년대 초반 나노기술이 한창 유행할 때 적잖은 성과를 거두기도 했다. 하지만 실질적으로 널리 이용할 수 있는 초정밀 고성능 센서 개발은 아직 미완의 과제로 남아 있다. 프롤로그에 등장한 구보 씨가 건강검진 센서를 사용하는 장면은 이런 센서가 개발돼 대중화됐을 경우를 상정해 그려본 이야기다.

하지만, 아직은 이 정도의 고급 성능에는 미치지 못하더라도 초보적인 차원에서나마 비비변기로 건강검진을 할 수 있다면 그건 그 자체로 소중한 일이다. 현재는 병원에서 건강검진을 할 때 쓰는 소변검사 스틱을 비비변기에서 활용하는 방법을 채택하고 있다. 알다시피 소변검사 스틱이란 길고 얇은 플라스틱판에 여러 가지 색깔의 패드가 알록달록하게 붙어 있는 소변검사지를 말한다. 여기에 소변을 적절히 묻히면 패드 색깔이 변하는데 이것으로 건강 상태를 파악할 수 있다. 현재 비비변기에 설치할 수 있는 것은 이 소변검사 스틱의 자

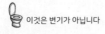

동화 사용 장치다.

소변을 보면서 이 장치를 작동시키면 소변검사 스틱이 '치익' 하면서 나오는데, 여기에 오줌이 묻으면 빛을 쪼여서 탐지하는 방식으로 건강진단이 이루어진다. 한 번 사용된 소변 스틱은 버려지고 다음번 사용할 때 새로운 스틱이 쏙 나온다. 이 모든 과정이 자동으로 이루어진다. 이 장치를 비비변기에 달기만 하면 누구나 손쉽게 때마다 자신의 건강 상태를 점검할 수 있다. 지금은 이 정도까지지만 앞으로 기술발전에 따라 얼마든지 더 풍부하고 다양한 기능을 추가로 장착할 수 있을 것이다. 당뇨나 콜레스테롤 수치를 체크하거나 대장암을 조기 진단할 수도 있을 것이다. 그야말로 상상력을 얼마나 발휘하느냐의 문제일 만큼 말이다.

또 다른 의문점과 답변들

화장실 이야기에서 휴지 이야기가 빠질 수 없다. 비비변기는 수세식이 아니므로 비데를 달지 않는다. 대개의 수세식 변기처럼 휴지를 똥과 함께 물로 씻어 내리는 것도 아니다. 그렇다면 비비변기에서 볼일을 본 후 뒤처리에 사용한 휴지는 어떻게 하면 될까? 별도의 휴지통을 비치해둬야 할까?

비비화장실에서는 그럴 필요가 없다. 배출한 똥 쪽에 그냥 버리면된다. 이렇게 말하면 당연히 이런 의문을 제기할 것이다. 아니, 그러면 똥과 휴지가 한데 뒤섞인다는 얘긴데 나중에 재활용할 때 문제가 생기는 건 아닌가? 답변은 간명하다. 문제없다. 뒤에 다룰 똥의 재활용 과정에서 미생물이 중요한 역할을 하게 되는데, 미생물은 휴지도 먹이로 먹는다. 휴지는 나무에서 왔다. 휴지도 유기물질인 것이다. 그래서 미생물이 활동하는 데 별다른 걸림돌이 되지 않는다.

이런 문제제기도 가능할 듯싶다. 요즘 나오는 휴지에는 해로운 성분들이 함유돼 있는데 그래도 괜찮다는 말인가? 이 또한 별 문제가 되지 않는다. 제품에 따라 제각각이지만 요즘 나오는 화장지 중에는 희고 환하게 보이도록 하는 염료의 일종인 형광증백제, 살균이나 표백 작용을 하는 포름알데히드, 향기를 내는 향료 등 많든 적든 첨가된 것들이 있다. 그런데 이런 성분이 휴지에 포함된 정도로는 별다른 문제가 생기지 않는다. 이런 휴지가 똥에 섞여 있어도 똥을 재활용해서 만들어내는 에너지 생산량 등에는 차이가 없다는 얘기다.

이유가 뭘까? 그것은 한마디로 미생물의 능력이 아주 뛰어나기 때문이다. 미생물은 염소 같은 독극물을 쏟아붓지 않는 한 어떻게든 자신의 생존과 활동을 스스로 조절해나갈 수 있다. 그래서 화장실에서 버려지는 휴지에 함유된 유해 성분 정도는 미생물이 감당하기에 그리 어렵지 않다. 물론 유해 성분이 들어 있지 않거나 최소한으로만 들어 있는 휴지를 사용하는 게 제일 좋긴 할 것이다.

한편, 비비변기는 구역이 나뉘어 있어서 똥과 오줌을 분리해서 처리한다고 했다. 그렇다면 남성이 소변만 볼 때에는? 서서 소변을 본다면 오줌이 앞쪽에 위치한 '소변 구역'에 명중할 수 있을까?

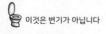

답은, 비비변기에서는 남성도 앉아서 오줌을 누어야 한다는 것이다. 애당초 구조와 사용 방식 자체가 남성도 앉아서 소변을 보도록 돼 있다. 아마도 모든 가정의 여성들로부터 절대적 지지를 얻을 대목이 아닐까 싶다.(비비변기는 화장실 사용 에티켓에서도 앞서가는 셈이라고 한다면 제 논에 물 대기 식의 자화자찬일까?) 물론 일부 남성들이 이를 불편해하거나 낯설어할 수 있을 터이다. 하지만 시대는 변한다. 이미 요즘은 냄새, 위생, 청소, 소리 등 여러 측면에서 남성도 앉아서 소변을 보는 게 좋다는 공감대가 커지고 있다.

곁들여 이런 의문은 또 어떤가. 구역이 나뉘어 있더라도 볼일을 보다 보면 자세나 순간적인 동작 등에 따라 오줌이 대변구 쪽으로 넘어갈 수도 있는데? 이리되면 무슨 문제가 생기는 건 아닐까? 결론부터 말해 문제없다. 똥에 오줌이 조금 섞인다고 해도 에너지 생산량이 줄어든다든가 하는 일은 생기지 않는다. 물론 똥에 섞이는 오줌의 양이 너무 많으면 똥의 재활용 효율이 조금 떨어질 순 있다. 오줌에 들어 있는 염분이 미생물 활동에 방해요소로 작용할 수 있어서다. 그러나 그 영향은 미미한 수준에 그칠 뿐이다.

그렇다면 비비변기에 개선해야 할 점은 혹여 없을까? 하나 있다. 소음 문제다. 똥을 휙 하고 빨아들이는 진공흡입이 일어날 때 순간적으로 소음이 발생한다. 흡입하는 순간 관의 구멍 쪽에서 터져 나오는 소리다. 현재 소음 수준은 60데시벨 정도다. 60데시벨이면 $1m$ 정도 거리에서 일상적인 대화를 나눌 때 발생하는 소음 수준이다. 지금의 수세식 변기도 물을 내릴 때 그 정도 소음은 난다. 교통량이 적은 도로나 냉장고에서 나오는 소음은 50데시벨 정도다. 차량 통행이 많은 혼잡한 교차로 소음은 75데시벨, 굴착기 소리는 100데시벨, 자동차 경적 소리는 110데시벨 정도라고 알려져 있다.

60데시벨이면 큰 소음이라고 하긴 어렵지만, 이것이 순간적으로 발생하기 때문에 실제보다 더 크게 느껴질 수도 있다. 분명한 것은 소음 자체를 완전히 없애기는 불가능하다는 점이다. 그래서 우선 중요한 개선점은 소음을 지금의 60데시벨에서 50데시벨 아래로 낮추는 것이다. 이 정도면 청각적 자극도 훨씬 덜 하고 이웃 간 소음 분쟁 등과 같은 문제에서도 거의 자유로워질 수 있다. 지금 단계에서는 진공흡입관 전체에 소음을 막을 수 있는 재질의 피복을 입힌다든지, 아니면 관 입구 쪽에 소음 차단막 같은 걸 설치하는 방안을 적용할지 연구중이다. 비비변기의 진화는 현재진행형이다.

비비변기에서 비비시스템으로

비비변기를 만드는 데 들어가는 비용은 얼마나 될까? 비비변기에는 새로운 기술과 장치 등이 여럿 적용됐으니 만드는 데 돈이 아주 많이 들 거라는 선입견을 가지기 쉽지만, 그렇지 않다. 이는 대량생산을 어느 정도로 할 수 있느냐에 달린 문제일 것이다. 변기 제작에서 가장 큰 비용은 주물 틀을 만드는 데 든다.

만약 비비변기가 널리 보급돼 대량생산이 가능해진다면, 좀 더 구

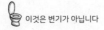

체적으로 대량생산의 전제조건이 되는 설비인 주물 틀이 갖춰진다면, 비비변기도 기존의 일반 변기와 비슷한 도기제품으로 생산될 것이다. 비비변기 제작비용이 기존 변기와 별반 다르지 않을 거란 얘기다. 기본적인 생산과정 자체가 동일하기 때문이다. 물론 비비변기에는 기존의 일반 변기와 다른 별도의 장치들이나 이에 따른 공정이 필요할 것이다. 하지만 이에 소요되는 비용은 그리 크지 않다. 대량생산이 이루어진다고 가정하면 비비변기 한 개당 제작비용은 아마도 10만 원 이하로까지 낮출 수 있을 것이다.

사실 각 가정에 설치할 비비변기의 가격보다 중요한 건 그 변기들로 구성된 '비비시스템'을 구축하는 데 필요한 비용이다. 나 혼자 비비변기를 설치한다면 아무 소용도 없는 일이다. 따라서 이제 진짜 중요한 질문들이 남았다. 우리는 비비변기가 어떻게 작동하는지는 알았다. 그것이 청결하다는 것도 알았다. 그러면 비비변기에서 빠져나간 배설물들은 어디로 가서 어떻게 처리되는가? 그 처리 과정은 어떤 원리로 진행되고, 무엇을 발생시키나? 이제 변기와 화장실 너머로 이어지는 그 길을 조금 더 가보자.

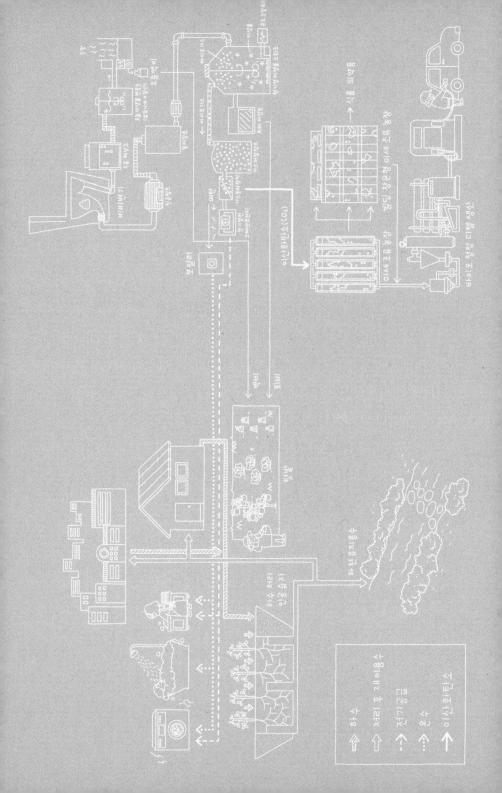

3장

화장실 너머로
이어지는 길

똥은 어떻게 재활용되는가

똥으로 뭔가를 하려면 일단 똥을 한군데로 모으는 일이 우선이다. 그래서 각 가정에서 진공흡입관을 통해 운반된 똥이 처음으로 도착하는 곳은 대변탱크, 곧 똥저장조다. 똥의 수집과 보관이 이루어지는 곳이다. 마찬가지로 오줌이 별도의 관을 통해 흘러와 처음 이르는 곳도 소변탱크, 곧 오줌저장조다. 똥과 오줌은 이처럼 서로 다른 저장조에 일단 모였다가 각각 다른 장치로 옮겨진 뒤, 특별한 공정을 거치면서 다양한 재활용으로 이어진다.

먼저 살펴볼 것은 똥의 재활용이 이루어지는 전체적인 흐름과 방식이다. 저장조에 모여서 담겨 있던 똥이 그다음으로 가는 곳은 미생물 소화조. 똥의 재활용 작업이 실질적으로 이루어지는 곳이 여기다. 한마디로 에너지 생산 시설이라고 할 수 있다. 핵심적인 역할을 하는 것은 미생물이다. 여기서 수천에서 수만에 이르는 미생물이 똥을 분해해 메탄가스와 이산화탄소를 만들어낸다. 똥에서 나오는 메탄가스와 이산화탄소의 비율은 보통 5대5 또는 4대6 정도다. 그런데 이 둘은 분리시켜야 한다. 에너지로 쓰든 다른 용도로 쓰든 이들을 이용하는 방식이 서로 달라서다.

어떻게 분리할까? 보통 두 가지 방법을 쓴다. 하나는 특수한 화학물질을 별도로 만들어서 이 물질의 특성을 활용해 이산화탄소를 포집하는 방법이다. 다른 하나는 멤브레인(membrane)이라 불리는 아주 얇은 분리막을 이용하는 방법이다. 멤브레인은 압력이나 농도 차이 등을 이용하여 어떤 혼합물에서 성질이 서로 다른 물질들을 분리하는 일을 한다. 비비시스템에서는 이산화탄소는 통과하지만 메탄가스는 통과하지 못하도록 만든 멤브레인을 사용한다.

이처럼 메탄가스와 이산화탄소가 섞여 있는 상태에서 이산화탄소를 분리해내는 것이 곧 메탄가스 정제 과정이다. 이 과정을 거치면 메탄가스의 순도가 높아지는데, 이렇게 해야 메탄가스를 실제 에너지로 사용할 수 있게 된다. 메탄가스는 아주 다양한 용도와 형태로 쓰이는 소중한 에너지원이다. 이산화탄소 또한 이렇게 분리돼야 어떤 용도로든 실제로 사용할 수 있게 된다.(메탄가스와 이산화탄소를 둘러싼 상세한 이야기는 다음 장에서 펼쳐질 것이다.)

미생물 소화조에서 똥을 이렇게 재활용하고 나면 남는 게 아무것도 없을까? 아니다. 에너지가 생산된 뒤에는 찌꺼기와 미생물 덩어리가 남는다. 똥이 제공되는 한 에너지 생산도 끊임없이 이어지므로

[비비시스템 개요도]

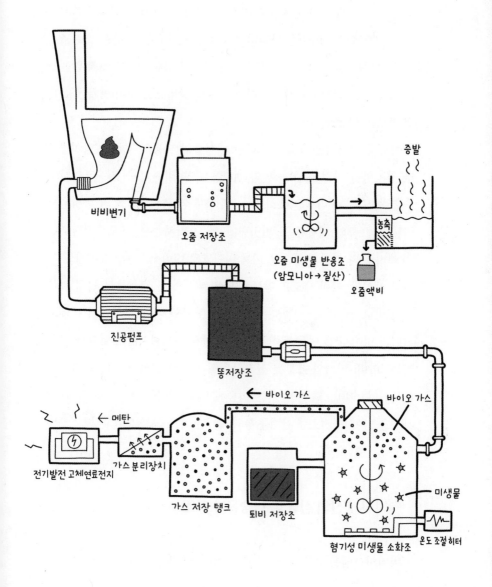

비비변기

오줌 저장조

오줌 미생물 반응조
(암모니아 → 질산)

증발

농축

오줌액비

진공펌프

똥저장조

← 바이오 가스

바이오 가스

← 메탄

전기발전 고체연료전지

가스 분리장치

가스 저장 탱크

퇴비 저장조

혐기성 미생물 소화조

미생물

온도 조절 히터

이런 잔여물도 계속 발생한다. 이것도 그냥 버려지지 않는다. 퇴비 등을 만드는 데 다시 활용된다. 이렇게 함으로써 똥에 담긴 에너지원과 자원으로서의 가치는 남김없이 모두 재활용된다. 미생물 소화조는 쓰레기를 전혀 남기지 않음으로써 아무런 낭비도 일으키지 않는다. 오줌은 오줌저장조에 모였다가 별도의 방법으로 액비(액체 비료)를 만드는 데 쓰인다.

이상의 이야기를 종합해서 사람 배설물 재활용의 흐름을 단계별로 정리하면 이렇게 된다. 똥의 재활용은 '비비변기 → 진공흡입관 → 똥저장조 → 미생물 소화조 → 에너지 생산과 퇴비화'의 과정을 밟는다. 오줌의 재활용은 '비비변기 → 오줌 배출관 → 오줌저장조 → 액비화'의 과정을 밟는다. 이제 바야흐로 비비시스템의 실체가 드러나고 있다. 이런 새로운 인분 재활용 체계와 물질 흐름의 얼개 전체가 바로 '비비시스템'이다. 이런 이름을 붙인 이유는, 앞에서 언급했던바 벌이 꿀을 만들 듯이 똥을 소중한 에너지와 자원으로 활용하자는 '비비' 변기의 포부를 실질적으로 구현한 것이 이 시스템이기 때문이다. '비비(꿀+비전)'라는 이름에 담긴 의미는 똥이 변기와 화장실을 넘어 이 시스템 전체를 통과해야만 비로소 꽃을 피운다.

에너지 생산의 심장부, 미생물 소화조

비비시스템은 수세식 변기와 하수처리장이라는 두 기둥이 떠받치

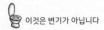

는 기존의 똥 처리 시스템과는 여러 가지 면에서 대조적이다. 출발점부터 다르다는 것은 비비변기 이야기에서 이미 확인했다. 이 두 시스템이 하는 일이 어떻게 얼마나 다른지를 잘 보여주는 것은 다름 아닌 미생물 소화조다. 비비시스템의 '심장부'가 여기다. 똥 재활용의 광활한 옥토를 일구는 에너지 생산이 여기서 이루어지기 때문이다. 그러므로 비비시스템을 제대로 이해하려면 미생물 소화조에서 어떤 일이 벌어지는지를 알아야 한다.

비비변기에서 배출된 똥은 똥저장조에 머물다 에너지 생산의 흐름에 맞추어 그때그때 조절된 적당한 양이 관을 통해 미생물 소화조에 투입된다. 그래서 소화조에는 안의 내용물이 어느 정도 높이까지 차 있는지를 측정해서 알려주는 게이지가 부착돼 있다. 소화조에는 수많은 미생물이 들어 있다. 똥을 넣는다는 것은 이 미생물들에게 밥을 주는 것과 마찬가지다. 미생물들이 이 똥을 먹고서 '소화시키는' 과정에서 만들어지는 것이 바이오가스의 일종인 메탄가스다. 미생물 '소화'조라는 이름이 붙은 이유다.

이 과정이 어떻게 이루어지는지를 조금 더 자세히 설명하면 이렇다. 똥의 구성 성분은 사람마다 다르고 음식문화에 따라서도 다르다. 먹은 음식의 양이나 종류 등에 따라 차이가 나지만, 대체로 똥의 75%는 물이고 나머지 25% 가운데 88%, 그러니까 똥 전체의 22%가 유기물이고 나머지 3%는 무기물로 이루어져 있다.(참고로, 앞의 과천 하수처리장 이야기에서는 똥의 90%가 물이라고 했다. 이 경우는 수세식 화장실에서 물로 씻어 내린 똥을 염두에 두고서 똥의 함수율, 즉 똥에 포함된

3장 화장실 너머로 이어지는 길

[혐기성 미생물 발효 소화 과정]

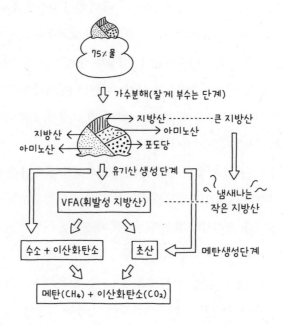

수분의 비율이 높은 쪽을 택했기 때문이다. 그 외에도 식생활에 따라 편차가 있기에 똥의 구성 성분 비율은 연구 문헌에 따라 다소 차이 나곤 한다.)

똥에서 25%를 차지하는 이 고형물을 다시 구분하면 미생물(박테리아)이 10%, 탄수화물이 6%, 단백질이 5%, 지방이 4%다. 탄수화물의 대부분은 소화되지 않은 섬유질 성분이다. 그리고 미생물은 약 50%가 단백질이고, 나머지의 주성분은 지방으로 이루어져 있다. 미생물은 이런 똥을 먹이로 하여 바이오에너지를 만들어낸다. 단백질과 지방은 미생물이 아주 좋아하는 먹이다. 탄수화물은 주성분이 섬유질이어서 미생물이 소화해내기가 쉽지 않을 것이다. 나머지 미생물 덩어리는 살아 있는 것과 죽은 것이 뒤섞여 있는데, 살아 있는 미생물은 죽은 미생물 덩어리를 소화한다. 미생물 덩어리 자체가 주로 단백질과 지방으로 구성돼 있기 때문이다.

흥미로운 것은 이 소화조가 혐기 소화조라는 사실이다. 혐기(嫌氣)란 글자 그대로 공기, 즉 산소를 싫어한다는 뜻이다. 미생물에는 산소를 싫어하는 혐기성 미생물과 산소를 좋아하는 호기(好氣)성 미생물이 있다. 그러니까 비비시스템에서 사용하는 혐기성 미생물 소화조는 산소가 없는 공간이라고 할 수 있다.

혐기 소화조를 사용하는 이유는 메탄가스를 만들어내는 것이 혐기성 미생물이기 때문이다. 산소가 풍부하게 존재하는 야외에서 똥의 퇴비화 등이 이루어질 때 활동하는 호기성 미생물은 메탄가스를 만들어내지 못한다.

그렇다면 산소를 싫어하는 혐기성 미생물은 밀폐된 공간에서 어떻게 호흡하면서 생존을 이어갈 수 있을까? 어떤 생물이든 호흡을 해야 살 수 있고 또 그래야 에너지도 만들어낼 수 있을 텐데 말이다.

미생물 소화조에서 활동하는 혐기성 미생물도 당연히 호흡을 한다. 그런데 혐기성 미생물은 호흡을 할 때 산소를 사용하는 게 아니라 질산·황산·철 같은 다른 물질을 이용한다. 미생물의 강인한 생명력을 엿볼 수 있는 대목이다. 핵심은 환경 변화에 대한 적응력이다. 산소가 없으면 동물은 질식해서 죽는다. 하지만 미생물은 산소를 대신할 수 있는 호흡 물질을 어떻게든 찾아내 이용함으로써 계속 숨을

쉬고 생존을 이어간다.

혐기성 미생물이 이런 식으로 호흡을 하면서 먹은 '음식물'을 분해하고 소화하는 과정을 '발효'라고 한다. 사실은 사람 뱃속에서도 비슷한 일이 일어난다. 사람이 음식을 먹으면 소장과 대장에서 소화 작용이 이루어진다. 사람 대장 속에 들어 있는 미생물이 혐기성 미생물이다. 사람 대장 속에는 산소가 없으므로 산소가 아닌 다른 물질을 이용하여 호흡하는 혐기성 미생물이 활동하는 것이다.

이 점에서 '혐기성'이란 말은 사실 정확한 표현이 아니다. 엄밀히 말하면 산소를 싫어하는 게 아니라 산소가 부족한 탓에 생존을 위해 다른 물질이나 기체를 이용하는 것이기 때문이다. 이 얘기는 '호기성'이라는 표현에도 그대로 적용된다. 산소를 좋아한다기보다는 산소가 있기 때문에 산소로 호흡하면서 생존하는 것이 호기성 미생물인 것이다.

사람 몸속에서도 미생물이 활동하기 때문에 사람도 메탄가스를 만들어낸다. 사람이 소화 활동을 하면서 방귀를 뀔 때 나오는 것이 메탄가스다. 가축이 방귀를 뀔 때에도 마찬가지로 메탄가스가 나온다. 그래서 이런 관점에서 얘기하자면, 똥을 이용해서 메탄가스를 얻으려면 사람의 대장 속과 같은 환경을 만들어서 미생물에게 똥을 주면 된다고 표현할 수 있다. 미생물 소화조가 사람의 대장과 동일한 역할을 하는 것이다.

두말할 나위도 없이 메탄가스는 미생물이 좋은 먹이를 잘 먹고 소화 활동을 활발히 할수록 많이 나온다. 앞에서 한 얘기를 소환해야 할 대목이 바로 여기다. 비비변기에서 똥을 처리할 때 1리터 정도의 물을 사용한다는 얘기 말이다. 미생물의 활동 효율은 반죽 상태일 때 가장 높다. 물이 너무 많아도 안 좋지만 물이 모자라서 똥이 딱딱하면 미생물이 제대로 활동하지 못한다. 그래서 물을 조금 섞어주는 게 좋다. 여러 차례 실험을 통해 계산해본 결과 가장 적당한 양이 1리터 정도였다. 똥이 사람 몸에서 한 번 배출될 때 이 정도 양의 물을 섞어줄 때 그 똥은 미생물이 활동하기에 가장 알맞은 정도로 질퍽질퍽한 반죽 상태가 된다.

한편으로 소화조 내부 온도를 30~40℃ 정도로 유지해주는 것도 미생물 활동에 큰 도움이 된다. 미생물은 조금 따끈한 환경 속에서 가장 활발하게 활동하기 때문이다. 미생물 소화조에서 이렇게 생산된 메탄가스는 소화조에 연결된 관을 통해 가스 저장 탱크로 이동한다. 가스 저장 탱크에는 2중 3중으로 밸브가 설치돼 있어서 안전하게 보관된다. 여기서 쓰고자 하는 용도나 용처에 따라 다시 다양한 길을 가게 된다.

그런데 똥에서는 메탄가스와 이산화탄소 외에 소량의 황 성분도 나온다. 메탄가스와 이산화탄소가 5대5나 4대6 정도의 비율로 나온다고 했는데, 이 틈바구니에서 2~3% 정도의 비중을 차지한다. 문제는 황이 몇 가지 문제를 일으킬 수 있다는 점이다. 관을 부식시켜 녹이 슬게 할 수도 있고, 외부로 누출될 위험도 있다. 메탄가스의 이용 방법 가운데 하나인 연료전지에 들어가면 전기 생산에 장애 요인이 될 가능성도 있다. 그래서 미생물 소화조와 가스 저장 탱크를 연결하는 관에 황 성분만 흡착해서 제거하는 별도의 필터를 단다. 이렇게 하면 메탄가스의 사용 효율은 한층 높아지게 된다.

오묘한 미생물의 세계

미생물 소화조 안에는 아주 많은 미생물이 들어 있다. 종류도 다양하다. 이 많은 미생물은 소화조 안에서 저마다 무슨 역할을 할까? 이것을 알고 나면 이 조그만 소화조도 나름의 작은 생태계를 이루고 있다는 사실을 확인할 수 있다. 미생물에 얽힌 이 이야기는 비비시스템에서 에너지가 어떻게 생산되는지를 이해하는 데 도움을 줄 뿐만 아니라 비비시스템이 추구하는 가치나 의미가 무엇인지를 알 수 있는 단서도 제공해준다.

휴지를 예로 들어 설명해보자. 미생물은 활동력이 강해서 휴지도 어렵잖게 처리할 수 있다는 얘기는 이미 했다. 이 대목에서 한번 생각해보자. 모든 미생물이 다 휴지를 좋아할까? 아니다. 그런 미생물도 있고 그렇지 않은 미생물도 있다. 소화조에 휴지가 들어오면 이땐 수많은 미생물 가운데서 휴지 소화에 '특화된' 능력을 지닌 미생물들이 전면에 나서 활동한다. 이들은 평소엔 별다른 활동을 하지 않으면서 소화조 구석에 조용히 숨어 있을 수도 있다.

에너지 생산 활동도 마찬가지다. 생산 활동을 열심히 하는 미생물도, 그렇지 않은 미생물도 있다. 어떤 미생물은 똥을 잘게 부순다. 다

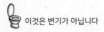

른 미생물이 먹이를 먹기 좋게 만들어주는 것이다. 또 다른 미생물이 이것을 먹고 열심히 소화시켜서 메탄가스를 만든다. 에너지 생산은 이렇듯 미생물들의 공생과 협업 속에서 이루어진다. 다른 경우도 매한가지다. 예컨대 공기가 부족하면 산소가 없는 상태에서도 활동할 수 있는 미생물 집단이 앞에 나서서 제 할 일을 열심히 한다. 나머지 미생물 집단은 그 결과를 조용히 기다린다. 환경이 바뀌어 산소가 풍부해지면 그동안 숨죽이고 지내던, 산소로 호흡하는 미생물 집단이 전면에 나서 활동한다. 이렇게 해서 산소가 없을 때 도움을 받았던 미생물 집단에게 도움을 되돌려준다.

이처럼 어떤 상황에선 필요하지 않은 것처럼 보여도 또 다른 상황에선 필요할 수도 있는 것이 여기 미생물 세계의 중요한 특성이다. 소화조 안에 펼쳐진 미생물의 세계는 이런 다양성 속에서 조화와 균형을 이룬다. 그러면서 미생물 세계 전체의 건강과 안정을 유지한다. 집단적인 자기 조절 과정을 통해 스스로 생존하고 증식해나가는 것이다. 이렇듯 자연의 원리와 속성이 여기서도 관찰된다.

우리가 일상생활에서 흔히 경험하는 일과 미생물 이야기를 연관지어 생각해볼 수도 있다. 사람들이 먹는 음식은 매우 다양하다. 고기류를 많이 먹을 때도 있고 채소류를 많이 먹을 때도 있다. 짜게 먹을 때도 있고 싱겁게 먹을 때도 있다. 똥은 이런 다양한 경우에 따라 그 성분이 달라진다. 설사를 할 때도 있고 된똥을 눌 때도 있다. 병에 걸려 약을 먹으면 똥에도 약 성분이 포함된다. 집에 손님이 와서 볼 일을 봤다면 평소와는 다른 성분이 포함된 똥이 배출될 것이다. 이런 다양한 상황에 맞추어 그때그때 알맞게 대처하려면, 또한 언제든 발생할 수 있는 여러 문제를 재빠르게 해결하려면 저마다 다른 특성과 능력을 갖춘 미생물이 다양하게 있어야 한다. 이런 역할 분담이 이루어지는 곳이 미생물 소화조다.

이처럼 미생물 소화조는 에너지 생산 시설인 동시에 똥과 미생물이 어우러진, 규모는 작지만 나름의 어엿한 생태계를 이루고 있다. 이 생태계를 움직이고 유지시키는 원리는 다양성과 협동이다. 비비 시스템에서 에너지는 다양성과 협동의 힘으로 만들어진다. 뒤에서 또 나오겠지만, 이는 미생물들의 경우만 가지고 하는 이야기가 아니다. 미생물 간의 협동, 미생물과 사람들 간의 협동, 그리고 비비시스템에 참여하는 사람들 간의 협동이 비비시스템을 움직이는 원리이자 철학이다.

비비시스템은 어떻게 운영되나

미생물 소화조에 들어 있는 이 미생물들은 어디서 왔을까? 평소에 어떻게 관리하면 될까? 결론부터 말하면 처음 비비시스템을 설치해서 가동을 시작할 때 소화조에 딱 한 번만 넣어주면 그 뒤론 특별히 신경 쓸 필요가 없다.

맨 처음엔 메탄가스 생산 활동을 잘하는 미생물을 실험 등을 거쳐서 배양한 뒤 그것을 일정량 넣어주면 된다. 물론 똥 자체에도 미생

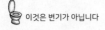

물이 상당히 들어 있다. 질량 기준으로 사람 똥의 4분의 1을 차지하는 것이 미생물이다. 그렇지만 이것만으로 메탄가스 생산을 충분히 하기엔 한계가 있다. 에너지 생산 효율을 높이고 생산량도 늘리려고 추가로 미생물을 넣어주는 것이다. 그러고선 미생물이 활동하기에 편하도록 물을 조금 넣어주고 적정하게 온도 관리를 해주는 것으로 족하다. 시스템이 가동되면 미생물의 먹이인 똥이 지속적으로 공급되므로 미생물의 활동 또한 끊임없이 계속된다.

소화조 안에서 미생물의 증식과 죽음은 어떻게 이루어질까? 알다시피 미생물이란 눈으로는 볼 수 없는 아주 작은 생물을 가리킨다. 보통 세균(박테리아)·효모·원생동물 등을 이르며, 바이러스를 포함하는 경우도 있다. 비비시스템의 미생물 소화조에 있는 것은 주로 박테리아다. 이 미생물은 단세포 형태로 살아간다. 번식법은 분열이다. 빠른 것은 20분 정도 후에 둘로 분열한다. 이렇게 자체 증식을 하는 것이 미생물이다. 환경에 따라 증식 속도는 달라진다. 일부는 저절로 죽어서 활동을 멈추기도 한다. 이처럼 미생물은 소화조 안에서 증식과 죽음을 반복한다.

메탄가스 생산 활동을 하고 남은 미생물 덩어리는 똥 찌꺼기와 함께 소화조 밖으로 배출된다. 이것은 따로 모아서 퇴비화에 활용한다. 이런 과정이 주기적으로 되풀이되면서 소화조에 들어오는 똥의 양과 나가는 미생물 덩어리 및 똥 찌꺼기의 양은 균형을 이루면서 일정하게 유지된다. 이 덕분에 에너지 생산도 지속적이고 일정하게 이루어질 수 있는 것이다.

미생물을 처음에 한 번 넣어주면 그 뒤엔 별도로 관리할 필요가 없는 이유는 미생물의 생존과 활동이 이런 방식으로 이루어지기 때문이다. 자체적으로 '교통정리'가 이루어지면서 메탄가스 생산에 필요한 균형이 맞춰진다는 얘기다. 미생물은 자체 증식을 하기 때문에 거의 영구적으로 간다고 봐도 지나친 말이 아니다. 한 번 설치하면 적어도 미생물 측면에서는 비용이나 수고가 거의 들지 않는 것이 비비시스템이다.

미생물 소화조에는 똥이 들어가니 혹시 냄새가 나지는 않을까? 이것도 그리 걱정할 필요가 없다. 탈취와 환기를 위한 장치를 가동하기 때문이다. 특히 냄새 유발의 주범인 암모니아만 흡착해서 포집하는 특수 필터로 얼마든지 제거할 수 있다. 이 필터는 1년에 한 번만 갈아주면 된다. 활성탄 같은 탈취제도 사용한다.

물론 냄새가 그야말로 '전혀' 안 난다고 하긴 어렵다. 그렇지만 미생물 소화조가 설치된 곳 주변을 오가는 사람들이 냄새로 여기에 이런 설비가 있다는 낌새를 알아차리지 못할 정도다. 소화조 옆에 일부러 바짝 다가간다면 모를까, 평소 생활하면서 냄새 탓에 불편을 느낄 일은 없다고 보면 된다. 게다가 비비변기는 일상의 생활공간 안에 들어와 있지만, 미생물 소화조는 그런 생활공간과는 분리된 곳에 설치된다. 예를 들어 어느 아파트 단지에서 비비시스템을 사용한다고 가정해보자. 이때 비비변기는 각 가정의 내부에 설치되지만, 이 변기들과 진공흡입관으로 연결된 미생물 소화조는 아파트 건물 지하공간 같은 곳에 설치하면 된다.

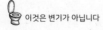

한편, 바이오에너지를 생산하는 바이오매스에는 유기성 폐기물이나 생물 유기체는 물론 음식물 쓰레기도 포함된다는 얘기를 앞에서 한 적이 있다. 메탄가스를 생산하는 미생물 소화조도 마찬가지다. 여기에 얼마든지 음식물 쓰레기를 넣어도 된다. 아니, 될 뿐만 아니라 '적극 환영'이다. 미생물 입장에서는 먹이가 많아지는 것이고, 에너지 생산 측면에서는 원료가 많아지는 것이기 때문이다. 단, 한 가지 조건이 있다. 음식물 쓰레기를 갈아서 넣어줘야 한다. 그래야 미생물이 먹기에 편해서다. 종류는 큰 상관이 없다. 갈릴 수 있는 것이라면 거의 다 괜찮다. 커다란 뼈다귀나 단단하고 큰 과일씨 같은 것만 예외다.

이 일을 손쉽게 하는 방법도 있다. 음식물 쓰레기를 주로 버리는 장소인 주방 싱크대 구멍에 음식물 분쇄기를 설치하고, 여기에 비비 변기에서와 비슷한 진공흡입관을 연결하는 것이다. 버튼을 누르기만 하면 음식물 쓰레기를 발생 장소에서 곧바로 갈아서 미생물 소화조로 빠르게 보낼 수 있다는 얘기다. 여기엔 아무런 기술적 난관도 없다. 실제로 한국토지주택공사(LH)에서는 비비시스템과 무관하게 음식물 쓰레기를 이런 식으로 처리하는 '스마트 리사이클링 주거단지'를 시범적으로 건설하고 있다.

비비시스템에 갖추어진 이런 기능은 우리나라의 음식물 쓰레기 처리 실태를 감안할 때 쓸모가 클 것이다. 환경부의 '전국 폐기물 발생 및 처리 현황' 자료에 따르면, 2018년 기준으로 우리나라 사람이 하루에 배출하는 음식물 쓰레기의 양은 1만4477톤에 이르렀다. 한 사람당 매일 300그램의 음식이나 식재료를 버린다는 얘기다. 1년이면 530만 톤에 육박하며, 이로 인해 매년 발생하는 경제적 손실은 20조 원이나 된다. 이처럼 대량으로 버려지는 음식물 쓰레기는 환경오염과 경제적 낭비를 초래할 뿐만 아니라, 세계적으로 수많은 사람이 먹거리 부족에 시달린다는 점에서 윤리적 문제를 안고 있기도 하다.

물론 환경부가 내놓은 통계 자료만 보면 이 가운데 90% 정도는 재활용되는 것으로 나타난다. 대개 사료화, 퇴비화, 바이오가스 생산 등에 쓰인다. 하지만 여기엔 주의할 대목이 있다. 통계로 표현되는 재활용의 양은 실질적으로 재활용된 양을 가리키는 게 아니라 음식물 쓰레기 자원화 시설에 반입된 양을 의미한다는 점이다.

알다시피 우리나라 음식물 쓰레기에는 수분이 많이 포함돼 있다. 그 탓에 음식물 쓰레기에 들어 있는 고형물 가운데 실제로 사료나 퇴비를 만드는 데 쓰이는 양은 전체 음식물 쓰레기의 20~40%에 지나지 않는 것으로 알려져 있다. 허술한 통계 수치에 가려진 실제 현실에서는 막대한 양의 음식물 쓰레기가 그냥 버려지고 있는 것이다. 게다가 사료화의 경우는 최근 아프리카돼지열병 등 가축전염병 발생이나 위생상 문제 등과 관련해 우려가 높아지고 있기도 하다. 대도시 등에서는 매일같이 쏟아져 나오는 음식물 쓰레기를 제대로 처리할 시설이나 부지가 부족한 것도 문제다.

이런 현실에서 가장 중요한 일은 당연히 음식물 쓰레기 자체를 줄이는 것이다. 이에 더해, 기왕에 음식물 쓰레기가 발생했다면 이를 최대한 효율적이고 완벽하게 에너지나 자원으로 재활용할 수 있다면 더더욱 좋은 일이다. 이 점에서 비비시스템은 썩 괜찮은 용도로 쓰일 수 있다. 음식물 쓰레기를 갈아서 미생물 소화조로 보내므로 수분도 효율적으로 제거할 수 있고, 그렇게 모인 음식물 쓰레기를 남김없이 모두 에너지를 생산하는 데 활용하기 때문이다.

새 술은 새 부대에

기존 하수처리장에서도 수질 정화를 위해 미생물의 유기물 분해 작용을 이용하는 생물학적 처리 공정을 거친다. 그러니 이 과정에서도 혹시 에너지와 퇴비 등을 만들 수 있지 않을까? 실제로 현재 대부분의 하수처리장은 미생물 반응을 이용하여 똥과 하수를 처리하고 그렇게 정화된 물을 강과 바다로 흘려보낸다. 이 과정에서 똥과 온갖 종류의 오물을 먹은 하수처리장의 미생물들은 그 부피가 엄청나게 불어난다. 그래서 이를 모아 탈수기에서 짜는 공정을 거친다. 미생물 덩어리에서 물을 뽑아내어 부피를 줄이는 것이다. 물기를 짜낸 미생물 덩어리는 대체로 매립되거나 소각된다.

이처럼 현재의 하수처리장에서도 미생물을 이용하는 것은 사실이다. 혐기성 미생물 소화조를 설치해 메탄가스를 발생시켜 활용하는 하수처리장이 전혀 없는 것도 아니다. 하지만 비비시스템과 기존 하수처리장 사이에는 중요한 차이가 있다. 크게 두 가지다.

첫째, 비비시스템의 혐기성 소화조에서는 물기가 적당히 함유된

3장 화장실 너머로 이어지는 길

죽 같은 상태에서 똥이 바로 처리되는데, 기존 하수처리장에는 똥이 이미 많은 양의 물과 여타 오염물질들과 뒤섞인 채 도착한다. 수세식 변기에서부터 하수도를 지나오는 동안 똥은 묽게 희석되고 물속으로 흩어져버렸다. 하수처리장에서는 여러 번의 침전과 여과 과정을 통해 이 오물 찌꺼기들을 물에서 걸러내고 분해해서 처리한다. 그 과정에서 에너지가 발생하긴 하더라도 전체적으론 비합리적이고 비효율적이다. 들이는 에너지에 비해 얻는 에너지는 미미할 뿐이다. 애초부터 똥은 물과 섞이지 않는 게 좋다.

둘째, 하수에는 미생물이 싫어하는, 때로는 미생물에게 큰 피해를 입힐 수 있는 독성물질이 포함돼 있을 위험성이 상존한다. 수많은 곳에서 나온 온갖 종류의 물이 한데 합쳐지는 탓이다. 이런 상황에서는 미생물이 활동하기가 어려울 뿐만 아니라 특히 퇴비를 만들어 쓸 경우를 떠올리면 문제는 더욱 심각하다. 하수처리장에서 처리하고 남은 찌꺼기나 미생물 덩어리로 퇴비를 만들어 농사에 활용하는 것이 어려운 이유가 무엇이겠는가? 중금속 같은 독성물질이 포함돼 있어서다. 똥 자체에 무슨 문제가 있어서가 아니다. 여기서 다시금 확인할 수 있는 것은, 결국 문제의 핵심은 수세식 화장실과 하수처리장 중심의 기존 똥 처리 시스템 그 자체라는 사실이다.

그렇다. 똥의 진정한 재활용은 기존 시스템으로는 불가능하다. 똥을 먹음으로써 에너지와 자원 등을 생산하는 미생물의 활동이 기존 시스템에서는 제대로 이루어질 수 없다. 폐기와 오염과 낭비가 아니라 재활용과 생산과 창조가 똥이 가야 할 새로운 길이라면, 이 길은

[비비시스템으로 바꿨을 때 하수처리에서의 효과]

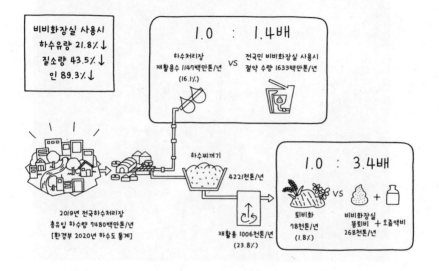

비비시스템처럼 새로운 상상력과 접근법에 기초한 시스템에서 찾을 수 있다. 자고로 새 술은 새 부대에 담아야 하는 법이다.

물론 그렇다고 해서 기존 시스템을 무조건 매도할 일만은 아니다. 사실 기존 시스템에서도 오염이나 낭비 같은 문제를 줄이려는 나름의 노력을 기울이지 않는 게 아니다. 하수처리장에서 수질 정화 처리를 하고 남은 하수 찌꺼기의 일정량을 재활용하는 것이 그런 보기다. 현재 하수처리장에서 나오는 찌꺼기는 소각·매립·건조 등의 방식으로 처리되기도 하지만 연료·비료·시멘트 등을 만드는 데 활용되기도 한다. 하수 재이용도 늘어나는 추세다. 주로 세척수, 냉각수, 하천 유지용수, 공업용수, 농업용수 등의 용도로 쓰인다.

대전 하수처리장의 소화조. 하수처리장에서는 슬러지를 거대한 소화조에 모아놓고 분해시켜 처리한다. 최근 지어진 하수처리장에서는 그 과정에서 나오는 바이오가스를 모아 생산적으로 활용하고 있다. 하지만 물에 섞인 오물 찌꺼기를 여과하고 건조하기 위한 에너지가 많이 들고, 시간도 많이 걸려 효율이 떨어지고, 최종적으로 버려지는 양도 많다.

이런 노력은 의미가 있다. 하수든 하수 찌꺼기든 아무렇게나 내버리지 않고 어떻게든 쓸모를 찾아 다시 이용하는 것은 그 자체로서 좋은 일이다. 하지만 아직은 재활용 비율이 낮은데다 안전성과 효율성 등의 문제가 있다. 무엇보다 이런 방식은 오염과 낭비를 비롯한 기존 하수처리장의 근본 문제는 그대로 둔 채 사후 보완적이고 부분적인 조치에 그친다는 점에서 한계를 안고 있다. 본래 의도는 그렇지 않더라도 결과적으로는 기존 시스템의 문제를 가리거나 정당화하는 구실로 활용될 소지도 없잖다.

이와 달리 비비시스템에서 이루어지는 물질 재활용은 보다 근원적이고 전면적이고 구조적이다. 이런 차이는 비비시스템의 원리와 작동 방식이 기존 시스템과는 본질적으로 다르다는 데서 비롯된다. 오염이나 낭비가 한껏 일어나고 나서 사후적으로 '뒤치다꺼리'를 하는 게 아니라, 처음부터 오염과 낭비의 요소를 없애고 그에 걸맞게 물질 재활용의 가치나 효율을 높이는 것이 그 핵심이다.

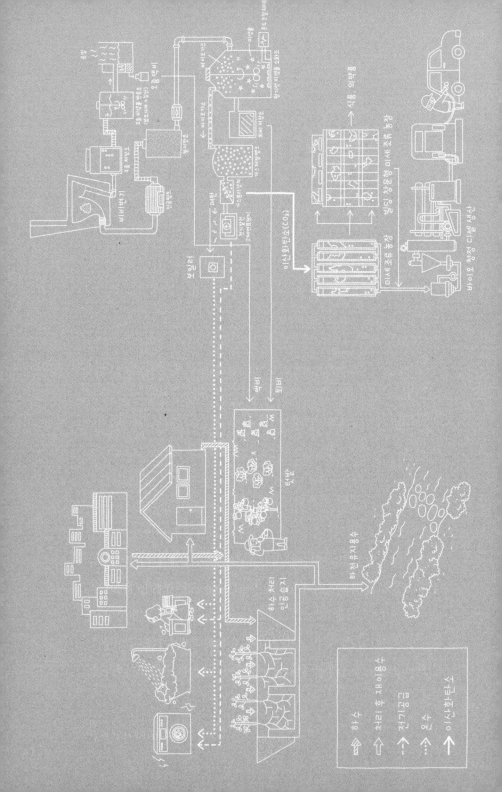

비비시스템의
다양한 쓰임새

메탄가스의 다양한 용도와 용법

비비시스템이 만들어내는 가장 중요하고 유용한 에너지는 단연 메탄가스다. 메탄가스는 색깔과 냄새가 없는 기체다. 미생물의 활동으로 유기물이 분해되고 발효될 때 생성된다. 그래서 예를 들면, 음식물 쓰레기 등이 하수구에서 썩을 때 보글보글 거품이 이는 것도 메탄가스가 나와서이고, 쓰레기 매립장 같은 곳의 땅속에 박아놓은 파이프에서 새어나오는 것도 메탄가스다. 자연적으로는 늪지대 바닥같은 데서도 발생한다.

메탄가스는 사실 온실가스 가운데 하나다. 대기 중으로 그냥 방출되면 기후변화의 원인인 지구 온난화를 일으킨다. 말했듯이 소를 비롯한 가축이 방귀를 뀌거나 트림을 할 때에도 메탄가스가 나온다. 세계적으로 육식 중심의 식생활이 널리 퍼지면서 고기 수요가 크게 늘었고, 그 결과 이 지구상에는 어마어마한 수의 가축이 사육되고 있다. 이들 가축이 내뿜는 메탄가스가 지구 온난화를 일으키는 주요 원인 가운데 하나로 꼽힌다.

시베리아 등지에 드넓게 펼쳐진 영구 동토층이 지구 온난화로 녹으면서 기후변화를 더욱 가속화할 것이라는 얘기도 같은 맥락이다. 영구 동토층에는 땅이 얼어붙기 전 오랜 세월에 걸쳐 퇴적된 동·식물 사체가 많이 묻혀 있다. 땅이 녹으면 토양 속으로 물이 스며들면서 미생물들이 활동을 개시해 이들 유기물 자원을 처리하게 된다. 그 결과로 많은 양의 메탄가스가 배출되는 것이다.

그러나 알고 보면 메탄가스는 소중한 에너지원이다. 석유·석탄과 함께 3대 화석연료의 하나인 천연가스의 구성 성분 가운데 80% 이상이 바로 이 메탄이다. 메탄은 불에 잘 타는 속성을 지녔기에 열에너지로 쉽게 바꿀 수 있다. 그래서 다양한 용도로 활용할 수 있다는 게 큰 장점이다.

예를 들어 난방이나 음식 조리의 연료로는 물론 전기와 열을 동시에 얻는 열병합발전에도 사용할 수 있다. 순도를 높이는 정제 과정을 거치면 자동차 연료로도 사용 가능하고, 연료전지에 사용해서 전기를 생산할 수도 있다. 또 연료전지로 전기를 생산하는 과정에서는 뜨거운 물도 나오기 때문에 이를 지역난방이나 샤워 등에 필요한 온수로 활용할 수 있다. 실제로 수많은 사람이 쓰는 도시가스 성분의 대부분도 메탄가스이고, 서울 등 도시에서 흔히 볼 수 있는 천연가스(CNG) 버스가 연료로 사용하는 것도 메탄가스다.

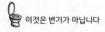

메탄가스는 요즘 한창 각광받고 있는 수소경제(hydrogen economy)와 관련해서도 주목할 필요가 있다. 메탄가스로 수소를 만들어낼 수 있어서다. 메탄의 화학식은 CH_4다. 탄소원자 한 개와 수소원자 네 개의 결합으로 이루어진 것이어서 수소를 분리해낼 수 있다. 수소경제는 석유를 비롯한 화석연료 대신에 수소를 주요 연료로 삼는 미래형 경제를 말한다. 보다 구체적으로는 화석연료 중심의 기존 에너지 시스템에서 벗어나 수소를 에너지원으로 사용하는 자동차·배·열차·기계·전기발전·열생산 등을 늘리고, 이를 위해 수소를 안정적으로 생산·저장·운송·활용하는 데 필요한 모든 분야의 산업과 시장을 새롭게 만들어내는 경제 시스템을 통칭하여 수소경제라 부른다.

수소를 태울 때 나오는 것은 에너지와 물뿐이다. 다른 오염물질은 거의 배출하지 않는다. 때문에 흔히 무공해 에너지원이라 불린다. 그래서 어떤 사람들은 앞으로 기술만 더 개발하면 화석연료와 원자력에너지 중심의 경제를 뛰어넘어 수소경제 시대가 열릴 거라는 예측을 내놓기도 한다. 낙관적인 전망으로는 2040년 우리나라에서만 연간 약 43조 원의 경제 효과와 42만 명의 고용 창출 효과를 낳을 것이라는 수소경제 로드맵이 제시되기도 한다. 특히 우리나라는 세계 최초로 수소차 양산에 성공했고, 관련 핵심 부품의 대부분을 국산화한 것으로 평가받는다.

하지만 대기중에 극소량만 있는 수소를 어디서 어떻게 얻을 것인가가 문제다. 수소를 얻는 방법으로는 크게 두 가지가 있다. 하나는

4장 비비시스템의 다양한 쓰임새

물을 전기분해하는 것이다. 잘 알다시피 물(H_2O)은 수소와 산소로 이루어져 있다. 다른 하나는 화석연료에서 수소를 분해하는 것이다. 현재로선 기술의 한계 등으로 화석연료에서 추출되는 수소가 큰 비중을 차지한다. 한데 이 경우는 수소를 추출하는 과정에서도 화석연료가 이용되고, 부산물로 온실가스도 배출된다. 수소 에너지가 친환경 에너지인가를 둘러싸고 논란이 벌어지는 이유다. 왜 사방에 널려 있는 물을 전기분해해서 수소를 얻지 않는지 의문이 들 것이다. 하지만 물에서 수소와 산소를 분리하는 데는 에너지가 많이 든다. 이 에너지를 화석연료에서 얻는다면 수소 에너지는 여전히 화석 에너지에 의존하는 셈이다. 더군다나 이 방식은 효율성이 낮다는 문제도 안고 있다.

그래서 떠오른 중요한 과제가 재생에너지로 수소경제를 추진하는 것이다. 비비시스템의 활약이 기대되는 대목이다. 수소를 분리해낼 수 있는 메탄가스를 똥으로부터 만들어내는 것이 비비시스템이기 때문이다. 이렇듯 비비시스템은 우리나라는 물론 많은 나라가 역점 사업으로 추진하고 있는 미래 수소경제의 활성화 방향과도 발걸음을 함께한다.

연료전지 이야기

메탄가스의 다채로운 쓰임새 가운데 연료전지 이야기는 조금 더

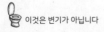

[고체산화물 연료전지의 원리]

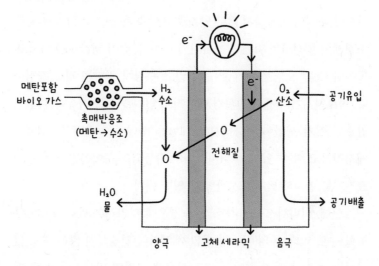

깊이 살펴보자. 사람들이 가장 많이 쓰는 에너지가 전기인데다, 특히 연료전지는 앞으로 발전 가능성이 매우 높기 때문이다. 연료전지란 간단히 말해 메탄을 산화시켜 전기를 생산하는 장치라고 할 수 있다. 미생물 소화조에서 만들어내는 메탄가스에서 수소를 분리해 공기 중의 산소와 결합시키면 물이 생성되면서 전기에너지와 열이 발생하는 속성을 이용하는 것이다.

기술적 원리는 이렇다. 연료전지에도 양극과 음극이 있다. 양극에서 메탄을 연료로 하여 전자를 뽑아낸다. 이 전자가 흘러가면서 전기가 발생하는데, 전자는 양극에서 음극으로 흐른다. 음극에 있는 공기가 이 전자를 받아준다. 이렇게 이루어지는 전자의 흐름으로 전기 생산이 가능해지는 것이다.

연료전지는 기존 발전시설과는 달리 연소 과정이 없고 에너지로 바뀌는 과정이 복잡하지 않아 발전 효율이 높은 것으로 평가된다. 수소경제의 핵심사업 가운데 하나이기도 하다. 전기 생산 과정에서 진동이나 소음, 오염물질 배출 등이 없고 수명이 길다는 것도 장점이다. 연료전지가 차세대 친환경 에너지로 인기를 끄는 이유다. 메탄만 있으면 전기 생산이 가능하므로 메탄을 생성하는 비비시스템에는 제격이라고 할 수 있다. 비비시스템이 가동되는 곳이라면 어디든 연료전지를 설치해 전기를 생산할 수 있단 얘기다.

그런데, 비비시스템을 사용할 때 경우에 따라서는 메탄가스가 부족할 수도 있다. 똥의 공급량이 많지 않거나 일정하지 않을 수도 있어서다. 이렇게 되면 전기 생산과 사용에 차질이 빚어진다. 이럴 땐 이미 갖춰져 있는 기존의 도시가스 시설을 이용하면 된다. 도시가스의 주성분도 메탄이기 때문이다. 이처럼 연료전지는 활용도가 높고 사용하기에도 편리하다.

그래서 일본 등지에서는 공공주택이나 병원, 상업용 건물 등에서도 도시가스 인프라를 활용해 연료전지를 사용하는 사례가 부쩍 늘고 있다. 이에 비추어볼 때 비비시스템이 아파트 단지 같은 곳에 설치되면 연료전지를 효율적으로 사용할 수 있다. 최대한 주민들이 배출하는 똥으로 만들어내는 메탄가스를 사용해 전기를 생산하되, 만약 이것으로 부족하다면 아파트에 설치돼 있는 기존의 도시가스 설비를 활용하면 되기 때문이다.

연료전지에서 뜨거운 물이 나오는 것은, 메탄이 산화되면서 열이

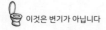

발생하는 것과 동시에 이 과정에서 나오는 수소와 산소가 결합되면서 물(H_2O)이 만들어지기 때문이다. 나오는 물의 양이 아주 많지는 않지만 온도가 70~80도 이상 되기 때문에 효율이 높다. 물 자체도 깨끗해서 별도의 정화 처리 과정을 거치지 않아도 생활에 필요한 온수로 사용할 수 있다. 만약 어떤 집을 처음 지을 때부터 비비시스템을 설계에 넣는다면 밑바닥에 난방용 파이프를 깔아서 연료전지에서 나오는 온수를 난방용으로 사용할 수도 있다.

그러면 비비시스템과 결합된 연료전지로는 얼마만큼의 전기를 생산할 수 있을까? 효율성이 높은 고체산화물 연료전지를 사용했을 때, 2kW급 연료전지가 전기를 생산하려면 1분에 7리터의 메탄가스가 필요하다. 즉 24시간 내내 전기를 생산하려면 하루에 1만 리터의 메탄가스가 필요하다. 실험 결과에 따르면 한 사람이 하루에 배출하는 똥 배출량으로 평균 20리터의 메탄가스를 만들어낼 수 있다. 500명분의 똥이면 이 연료전지로 24시간 동안 쉬지 않고 전기를 생산할 수 있는 셈이다. 용량이 2kW이므로 하루 24시간 전체로 치면 48kWh의 전기가 생산되는 것이다.

전기의 양이 이 정도면 몇 가구 정도가 쓸 수 있을까? 우리나라의 4인 가구 기준 월평균 전기사용량은 약 350kWh 정도다. 하루 전기 사용량으로 환산하면 대략 12kWh 정도가 된다. 결국 500명 정도가 배출하는 똥이 있으면 2kW급 연료전지 한 개로 4인 기준 4~5가구가 일상생활에서 사용하는 양만큼의 전기를 공급할 수 있다는 결론이 나온다.

물론 연료전지에 약점이 없는 건 아니다. 아직까지는 가격이 꽤 비싸다는 점이 그것이다. 이 때문에 당장의 경제적 손익을 따지면 연료전지를 선뜻 설치하기가 쉽지 않다. 하지만 길게 보면 경제적으로도 이득이 되는 건 확실하다. 또한 관련 기술이 발달할수록 가격은 떨어질 것이다. 연료전지는 이런 점들을 염두에 두고 장기적 관점에서 접근할 필요가 있다.

이산화탄소는 어디에 쓰일까?

다음은 이산화탄소 이야기다. 이산화탄소는 기후변화를 일으키는 온실가스 가운데서도 가장 큰 비중을 차지한다. 하지만 이 또한 메탄가스와 마찬가지로, 대기 중으로 그냥 배출해버리면 심각한 환경문제를 일으키지만 잘만 쓰면 다목적으로 유용하게 쓸 수 있다. 비비시스템에서 구상하는 방법은 크게 세 가지다.

첫째, 미세조류의 한 종류인 녹조류를 배양해 건강식품으로 인기 있는 클로렐라를 만들어낼 수 있다. 둘째, 이 녹조류를 짜면 식물성 기름 성분이 나오는데 이것을 특수하게 화학 처리하면 친환경 연료로 주목받는 바이오디젤을 만들어낼 수 있다. 셋째, 이렇게 활용하고 남은 녹조류 찌꺼기 또한 그냥 버리는 게 아니라 다시 미생물 소화조에 넣어 미생물의 먹이로 사용할 수 있다. 이 세 가지가 맞물려서 잘 돌아가면 이산화탄소를 그야말로 기막히게 알뜰살뜰 이용하는 셈이

된다.

먼저 클로렐라 이야기. 미세조류란 미세 생물군 가운데 광합성 작용을 하는 단세포 생물체들을 모두 일컫는 말이다. 크기가 50마이크로미터(μm) 이하인 단세포 조류로서 이산화탄소·질소·인·빛·물 등을 먹고 산다. 1마이크로미터는 0.001밀리미터다. 대부분의 식물성 플랑크톤이 여기에 속한다. 클로렐라란 미세조류 가운데서도 녹조류에 속하는 플랑크톤이다. 미생물 소화조에서 나오는 이산화탄소는 물론 똥과 음식물 쓰레기의 찌꺼기도 녹조류의 먹이로 사용할 수 있다. 그런데 미세조류는 액체 상태의 영양분을 잘 섭취한다. 그래서 미생물 소화조에서 위에 뜬 물을 걷어내어 이것을 녹조류에 공급하는 게 좋다. 여기엔 에너지 생산에 사용되고 남은 질소와 인 같은 영양분이 포함돼 있다.

클로렐라는 단백질을 비롯해 사람 몸에 좋은 여러 영양 성분을 함유하고 있어서 종합 건강식품으로 애용되고 있다. 다른 식품의 첨가물, 유산균 등 미생물의 발육촉진제, 가축 사료, 양식장의 물고기 먹이 등으로 쓰이기도 한다.

4장 비비시스템의 다양한 쓰임새

다음은 바이오디젤 이야기. 바이오디젤이란 바이오연료의 한 종류다. 바이오연료는 식물을 이용해 만든 액체 연료를 가리키는데, 크게 바이오에탄올과 바이오디젤의 두 가지로 나뉜다. 휘발유를 대체하는 바이오에탄올은 옥수수와 사탕수수 등으로 만들고, 경유를 대체하는 바이오디젤은 유채·콩·기름야자나무(팜나무) 등으로 만든다. 바이오연료는 석유를 대체할 수 있어서 최근 들어 세계적으로 수요가 크게 늘고 있다. 특히 자동차 연료로서 활용도가 높다.

실제로 우리나라에도 BD2.5나 BD3.0 같은 표시를 한 라벨이 부착된 경유 차량이 많다. BD는 바이오디젤(Bio Diesel)의 머리글자를 딴 것이고, 2.5나 3.0 등의 숫자는 경유에 2.5%나 3.0%의 비율로 바이오디젤이 함유돼 있다는 뜻이다. 그러니까 바이오디젤만을 연료로 쓰는 별도의 전용 차량이 있는 게 아니라 디젤 차량에 그냥 바이오디젤을 넣어서 쓰면 된다는 얘기다.

이런 바이오디젤을 녹조류에서도 뽑아낼 수 있다. 어떻게? 녹조류에는 지방이 들어 있다. 이 기름 성분을 짜내서 바이오디젤을 만들 수 있는데, 여기엔 별도의 공정이 필요하다. 핵심은 용매다. 뭔가를 녹이는 데 쓰는 별도의 액체 물질을 사용해야 하는 것이다. 방법 자체는 복잡하지 않다. 용매에 녹조류를 담궈놓으면 지방이 녹아 나온다. 이렇게 용매에 녹아 있는 지방을 멤브레인 분리법 등으로 분리해 내면 된다.

바이오디젤은 식용유를 재활용해서도 만들어낼 수 있다. 예를 들어 아파트 단지나 어떤 마을에 비비시스템이 갖춰져 있다면, 쓰다 남은 식용유를 모아다 바이오디젤을 생산하는 과정에 같이 활용할 수 있다. 이처럼 일상생활 속에서 환경오염을 줄이고 에너지를 생산하는 일에 손쉽게 동참할 수 있게 해주는 것이 비비시스템이다. 특히 바이오디젤은 매연 같은 오염물질이 거의 나오지 않는 에너지여서 더 큰 매력을 지닌다.

다만 녹조류를 이용해 바이오디젤을 생산할 때 사용되는 용매의 반(反)환경성 문제는 짚고 넘어갈 필요가 있다. 용매로는 알코올을 쓸 수도 있지만 페놀과 비슷한 종류를 쓰기도 한다. 널리 알려졌다시피 페놀은 독극물이다. 1991년 3월에 터진 '낙동강 페놀 오염 사건' 당시 낙동강 물을 식수원으로 사용하는 대구와 부산 등지의 수돗물에서 페놀이 검출되면서 급기야 취수가 중단되기까지 했다. 녹조류에서 지방을 뽑아내는 능력이 뛰어난 용매 가운데에는 페놀만큼은 아니어도 강한 독성을 지닌 것들이 있다. 더 정확하게 말하면, 용매의 독성과 지방 추출 능력이 반드시 비례하는 건 아니지만 지방 추출 능력이 높은 용매의 대부분이 독성이 강한 건 사실이다.

문제는 이 용매가 바깥으로 흘러나갈 수 있다는 점이다. 사용한 용매를 남김없이 모두 재사용하면 문제가 없지만, 지방을 추출하는 과정 등에서 조금씩 유출되기도 한다. 이것이 만약 하수처리장 같은 곳으로 흘러간다면 심각한 문제를 일으킬 수도 있다. 그래서 이론적으로 가장 좋기로는 환경문제를 일으키지 않는 용매를 개발하는 것이다. 하지만 용매 자체가 대부분 많든 적든 독성을 포함한 화학물질이어서 한계가 있다. 이 문제는 녹조류를 이용한 바이오디젤 생산에서

독일 함부르크의 조류 바이오매스 생산 설비를 갖춘 아파트. 외벽의 유리 패널 속에서 미세조류가 자라게 된다. 조류는 광합성 작용을 통해 바이오매스를 만들어내며 이때 발생한 열은 건물로 전달된다. 바이오매스 에너지는 건물 내에 쓰이기도 하며 남은 에너지는 저장되거나 다른 곳에 쓰일 수도 있다.

해결해야 할 숙제로 남아 있다.

이처럼 다각도로 쓰이는 녹조류는 어디서 어떻게 배양하면 될까? 다양한 방법을 생각해볼 수 있지만 주목할 만한 것은 요즘 뜨고 있는 건물 녹화나 건물 조경이다. 건물 옥상은 물론 건물 벽에 유리 패널이나 관 같은 걸 설치해서 녹조류를 기를 수 있다. 공간을 잘 활용하기만 하면 건물에서 '조류 농장'을 운영할 수도 있는 것이다. 실제로 독일 함부르크 시에는 햇빛이 비치는 건물 앞쪽에 129개의 유리 패널을 설치해 녹색의 미세조류를 배양하는 4층 아파트가 있다. 이 아파트는 녹조류로 에너지를 공급받는 건축물로 유명하다. 건물에 설치된 유리 패널 한 개의 크기는 높이가 $2.5m$이고 두께는 $0.7m$다. 이 패널에 물과 녹조류를 채워 태양광으로 물을 데우고, 열교환기를 통해 건물 난방을 하며, 남는 열은 건물 지하의 열저장장치로 보내는 방식이다. 연구 결과에 따르면 이렇게 해서 대규모 미세조류 농장에 비해 약 10배나 많은 녹조류를 수확할 수 있고, 이는 바이오에너지 생산에 활용되거나 식품이나 약품 개발 분야에도 활용할 수 있다고 한다.

외국 이야기이긴 하지만 이런 성공 사례는 비비시스템의 적용 가능성이나 가치를 더 높여준다. 미생물 소화조에서 나오는 이산화탄소를 미세조류를 키우는 건물의 유리 패널 같은 장치로 공급하면 미세조류의 광합성 활동을 촉진할 뿐만 아니라 이산화탄소의 공기중 방출을 막는 이중의 효과를 동시에 거둘 수 있다.

이렇듯 비비시스템의 녹조류 배양 기능은 최근 주목을 끄는 '제로 에너지' 빌딩의 확산, 바이오디젤을 이용하는 재생에너지 기술의 발전, 미래 식량과 의약품의 개발 등 다양한 분야와 접목될 수 있다. 녹조류는 특히 푸른색의 깨끗한 플랑크톤이어서 공기 정화에도 도움이 된다. 에너지 다량 소비, 건물 밀집, 바람 흐름의 차단 등으로 도심 지역이 다른 지역에 비해 더 뜨거워지는 이른바 '도시 열섬' 현상을 방지하는 효과도 덤으로 얻을 수 있다.

이처럼 메탄가스와 이산화탄소는 현재 매우 다양하게 활용되고 있다. 비비시스템과 결합되면 그 활용도는 더욱 높아질 수 있는 것이

다. 그냥 대기 중으로 배출하면 지구와 인류를 괴롭히는 '못된 악당'
이지만 비비시스템에서는 지구도 살리고 에너지도 만들고 클로렐라
도 생산하고, 폐식용유도 재활용하고, 쾌적하고 깨끗한 주거 환경을
조성하는 데도 이바지하는 '기특한 효자'가 된다. 다양한 용도와 용
법을 거느린 메탄가스와 이산화탄소를 어디에 어떻게 쓸지는 비비
시스템이 설치된 곳의 여건이나 상황에 맞게, 그리고 이용자들의 중
지를 모아서 결정하면 될 터이다.

퇴비화의 의미와 효과

미생물 소화조에서 에너지를 생산하고 나서 남은 똥 찌꺼기와 미
생물 덩어리는 퇴비를 만드는 데 쓰인다. 사람 똥으로 만든 것이므로
유기농 퇴비다.

미생물 소화조 바깥에는 산소가 있다. 토양에도 산소가 있다. 그래
서 여기서는 소화조에서와 달리 산소를 좋아하는 호기성 미생물이
전면에 나서 활동한다. 바깥으로 나오기 이전엔 똥 속에서 가만히 있
던 산소로 호흡하는 미생물들이 물 만난 물고기처럼 본격적으로 활
동을 개시하는 것이다.

미생물은 흙 속에도 있다. 똥 찌꺼기에 들어 있는 미생물이 소화
조에서 나와 이 흙 속의 미생물을 만나면 미생물들의 활동은 더 활발
해진다. 둘의 합작으로 시너지 효과가 생기는 덕분이다. 본래 흙에는

탄소가 많고 똥에는 질소와 인이 많다. 그래서 탄소를 주로 먹던 흙 속의 미생물이 질소와 인을 주로 먹던 똥 속의 미생물과 만나면 또 금방 어울린다. 서로 뒤섞여 미생물 소화조에서와 마찬가지로 작은 '생태계'를 형성한다.

이뿐만이 아니다. 똥이 햇빛에 노출되면 사람 대장이나 미생물 소화조같이 어두운 환경이 아닌 밝고 자외선이 강한 환경에서도 활동할 수 있는 미생물들이 활발하게 움직이기 시작한다. 이들이 흙에서 이루어지는 미생물 공동체에 가세한다. 이처럼 여기서도 다양한 미생물들은 서로서로 도와주며 활동한다.

똥과 흙이 한데 어우러지면서 진행되는 미생물의 이런 활동 과정이 곧 퇴비화다. 산소가 없는 소화조나 사람 대장에서 똥이 분해되는 과정이 발효라면, 산소가 존재하는 환경에서 똥이 분해되는 과정이 퇴비화인 것이다. 이 서로 다른 과정에서 서로 다른 종류의 미생물이 서로 다른 능력과 특성을 발휘해 똥을 깔끔히 분해하는 것이다.

퇴비화 과정을 거치면서 똥은 하루가 다르게 변해간다. 변화의 양상과 속도는 놀랍다. 처음엔 똥 냄새를 많이 풍기지만 며칠만 지나면 냄새가 없어질 정도다. 1~2주 정도 지나면 손으로 만져도 될 만큼 흙과 비슷한 것으로 변한다. 똥 자체가 본디 흙에서 온 것이기에 똥은 쉽게 자신의 고향인 흙으로 되돌아간다. 이런 퇴비화 과정을 거치면서 만들어지는 것이 영양분을 듬뿍 머금은 부식토다. 땅이 비옥해지는 것이다.

그럼 비비시스템에서 이런 식으로 만들어지는 퇴비의 성능은 얼

[인분 퇴비와 가축분뇨 퇴비 비교 생장실험]

발아 개체수 36개

무게 427mg

뿌리길이 6.8cm

인분퇴비

발아 개체수 32개

무게 374mg

뿌리길이 4.4cm

시판축분퇴비

마나 우수할까? 이를테면 가축분뇨로 만든 퇴비나 인공 화학비료와 비교한다면 어느 정도나 될까? 실험 결과에 따르면 인분으로 만든 퇴비의 성능은 축산분뇨 퇴비나 화학비료에 견주어 뒤떨어지지 않는다. 예컨대 울산과학기술원 도시환경공학부 연구팀에서는 인분 퇴비와 축산분뇨 퇴비 등을 이용해 보리싹 생장 실험을 한 뒤 그 분석 결과를 2019년에 발표했다. 이에 따르면 인분 퇴비로 기른 보리싹의 발아 개체 수, 평균 무게, 평균 뿌리 길이 등이 시중에서 판매되는 두 가지 축산분뇨 퇴비의 경우보다 더 높은 값을 나타냈다.

이번엔 축산분뇨 퇴비와 화학비료의 성능을 비교해보자. 전남대와 일본 교토대 연구진은 2016년 백합나무를 대상으로 축산분뇨 퇴비(닭똥 20%, 돼지똥 20%, 소똥 10%, 톱밥 50%)와 화학비료의 성능을 비교 실험한 논문을 발표했다. 그 결과 종묘가 자란 길이, 잎, 줄기, 뿌리의 무게 등에서 축산분뇨 퇴비와 화학비료 사이에 차이가 전혀 없었고, 뿌리는 오히려 축산분뇨 퇴비 쪽이 조금 더 굵게 자란 것으로 관찰되었다.

두 연구 결과를 종합하면 인분 퇴비가 축산분뇨 퇴비나 화학비료보다 더 우수하면 우수했지 전혀 뒤지지 않는다는 것을 실증적으로 확인할 수 있다. 이에 더해 인분 퇴비의 장점은 작물의 양적 성장뿐만 아니라 질적인 측면에서도 찾아볼 수 있다. 가축분뇨에는 사료에 넣어 먹이는 항생제와 성장촉진제, 축사에 뿌리는 살충제 등과 같은 유해물질이 섞여 있지만 인분은 그렇지 않기 때문이다.

여기서 사람 똥으로 만든 퇴비의 경제성을 따져보기에는 무리가 있다. 상품화되지 않고 있는 인분 퇴비와 상품화되고 있는 축산분뇨 퇴비는 생산 방식이나 시스템 등의 성격 자체가 달라서 직접적으로 화폐 가치를 비교하기가 힘든 탓이다. 그리고 사실 비비시스템은 퇴비 생산만이 아니라 메탄가스 생산 등 다른 중요한 일도 많이 한다. 더 정확히 말하면, 비비시스템에서 퇴비 생산은 그 자체가 가장 중요하고 일차적인 목적이라기보다는 메탄가스 등 에너지를 생산하고 나서 남은 것도 허투루 다루지 않고 빠짐없이 유용하게 활용한다는 성격이 짙다.

이렇게 볼 때 정작 중요한 것은 이런 퇴비화가 일으키는 복합적인 효과와 여기에 담긴 가치라고 할 수 있다. 똥을 퇴비로 많이 만들어 쓸수록 화학비료 사용이 감소할 것이다. 따라서 화학비료가 일으키는 토양오염이나 수질오염을 줄이는 효과를 기대할 수도 있다. 화학비료와 농약 사용에 드는 비용은 물론 똥을 쓰레기로 처리할 때 드는

4장 비비시스템의 다양한 쓰임새

비용도 줄여준다. 장기적으로 보면 농작물의 질병이나 해충 피해를 줄이고 농부들의 효율적인 토양 관리에도 도움을 준다. 당장의 해충 피해만 줄이려면 살충제를 뿌리면 되고, 당장의 수확 증대만 중시한다면 화학비료를 뿌리면 된다. 하지만 길게 보면 이는 땅을 망가뜨리고 농작물의 자체 저항력을 훼손하는 결과를 가져온다. 대신 퇴비는 땅과 작물 모두를 건강하고 튼튼하게 해줌으로써 궁극적으로는 농작물 보호와 토양 관리의 효율성도 높이는 구실을 한다.

도시농업과 비비시스템

이쯤에서 궁금증 하나를 해소하고 넘어가자. 왜 화학비료에 비해 축산 퇴비나 인분 퇴비는 토양과 물을 오염시키지 않을까? 오염의 주요인은 화학비료에 포함돼 있는 질소 성분인데, 질소가 땅을 비옥하게 만드는 성분이라 인분 퇴비와 축산 퇴비에도 당연히 질소가 포함돼 있다. 하지만 화학비료와 비교할 때 중요한 차이점이 있다. 인분 퇴비와 축산 퇴비의 질소는 탄소를 포함한 다른 유기물 성분들과 결합된 형태로 존재한다.

쉽게 말해, 인분이나 축산분뇨로 만든 퇴비는 탄소 성분과 합쳐진 상태의 질소를 품고 있기 때문에 질소가 따로 유출될 확률이 적다는 것이다. 이에 반해 화학비료에 포함된 질소는 다른 성분 없이 그 자체로만 존재하는 탓에 작물이 이용하기에는 용이하지만 지하수 등으로 유출되거나 공기 중으로 날아가버리기 쉽다. 지하수로 유출된 질소 성분은 하천이나 바다를 오염시키게 된다. 더 큰 문제는 이것이 공기 중으로 유출되면 지구온난화의 원인 물질 가운데 하나인 아산화질소(N_2O)가 된다는 점이다. 아산화질소는 지구온난화의 주범인 이산화탄소보다 약 300배나 더 강력한 온실효과를 낸다.

이런 사실을 보여주는 객관적인 연구 결과도 있다. 미국 스탠퍼드대학과 워싱턴주립대학 연구팀은 2006년 어느 사과농장에서 실험을 진행했다. 이 농장에서 지하수를 거쳐 인근 수계로 유출되는 질소의 양을 화학비료를 사용했을 때와 닭똥으로 만든 유기농 퇴비를 사용했을 때의 두 경우로 나누어 비교 조사해본 것이다. 결과는 어떻게 나왔을까? 화학비료 쪽이 닭똥 퇴비에 비해 4.4~5.6배나 더 많았다. 또 다른 사실도 드러났다. 화학비료를 사용했을 때 배출되는 아산화질소의 양이 유기농 퇴비를 사용했을 때보다 3.4배 이상이나 더 많았던 것이다.

이 연구에서 사용된 것은 인분 퇴비가 아니라 닭똥 유기농 퇴비지만, 유기물이 포함된 닭똥의 구성 성분이나 퇴비화 과정이 인분과 유사하다는 점을 고려하면 인분 퇴비의 경우도 이 연구 결과와 비슷하리라고 짐작할 수 있다. 요컨대 인분 퇴비에 질소 성분이 들어 있는 것은 마찬가지지만, 이것이 환경에 미치는 악영향은 화학비료가 인분 퇴비에 비해 훨씬 더 크다고 할 수 있는 것이다.

이처럼 퇴비는 다양한 선물을 베풀면서 영양물질의 생태적 순환을 이루는 연결고리가 된다. 음식을 먹은 뒤 배설하는 똥이 자연으로 돌아가 농사에 이용되고 이렇게 생산된 먹거리는 다시 사람 식탁에 오른다. 흙은 식물과 만나고, 식물은 다시 사람과 만나며, 이 과정에서 똥은 모습을 바꿔가며 사람 몸 밖으로 나왔다가 다시 사람에게 돌아가는 것이다. 이렇게 자연적인 순환이 이루어진다.

만약 비비시스템이 널리 보급된다면 여기서 나오는 퇴비를 도시 농업 형태로 다양하게 활용할 수도 있을 것이다. 집 정원이나 뒤뜰, 동네의 자투리 땅, 건물 옥상 같은 곳에 작은 텃밭을 만들어도 되고, 도시 곳곳이나 근교에 마련돼 있는 주말농장 등을 이용할 수도 있다. 아파트에 사는 사람은 베란다에 나무상자 같은 것으로 아담한 상자 텃밭을 만들기도 한다. 에너지와 자원을 생산하는 것을 넘어 먹거리를 직접 생산하는 데도 쏠쏠한 도움을 받을 수 있게 되는 것이다. 그것도 아주 생태적인 방식으로. 땀 흘려 일하는 노동의 의미와 수확의 기쁨을 가족이나 이웃과 함께 나눌 수도 있다. 아이들에게는 소중한 체험 교육의 기회가 되기도 한다. 환경적 효과도 크다. 흙과 식물이 늘어나면 도시의 자연을 되살리는 것은 물론 도시의 뜨거운 열을 낮춤으로써 기후변화를 막는 데도 일조할 수 있어서다. 비비시스템은 이 모든 일을 우리 자신이 내놓은 배설물로 할 수 있게 해준다.

오줌은 어떻게?

퇴비 이야기가 나왔으니 오줌 이야기도 지나칠 수 없다. 비비시스

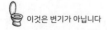

템에서는 오줌도 그냥 버리지 않고 액비를 만드는 데 활용하기 때문이다. 사실 오줌은 20배 이상의 물로 희석하면 그대로 사용해도 별다른 지장 없이 비료 구실을 할 수 있다. 다만 많은 양의 오줌을 모아서 사용할 때에는 별도의 처리 과정을 거쳐야 한다.

오줌에 포함된 암모니아는 독성이 높아서 질산성 질소로 바꿔주어야 한다. 이것이 오줌 액비화의 핵심이다. 이 작업에는 질산화 작용을 하는 박테리아 미생물을 활용한다. 이렇게 암모니아를 질산성 질소로 바꾼 뒤 물을 증발시켜 농축하면 액비가 된다. 식물이 자라는 데 꼭 필요한 3대 요소가 질소·인·칼륨인데, 이런 방식으로 오줌에서 질소를 얻는 것이다. 또 다른 방법도 있다. 오줌에 특정 화합물을 넣으면 가루 형태로 바뀌는데, 이 가루를 물에 넣어 비료로 사용할 수도 있다. 이런 비료들은 자연에 해를 끼치지 않는 친환경 유기농 비료라고 할 수 있다.

오줌에는 인 성분도 많이 들어 있다. 그런데 인이 함유된 인광석 같은 광물자원은 세계적으로 매장량이 적어서 희소가치가 크다. 인은 비료 등을 만드는 데 쓰이는 필수 성분으로 그 가치가 점점 상승하고 있다. 이런 측면으로도 오줌 액비화는 중요한 의미가 있다. 갈수록 부족해질 수밖에 없는 인을 오줌을 통해 조달할 수 있어서다.

한 사람이 하루 오줌을 통해 배출하는 인의 양은 0.45~1.3g 정도로, 78억 세계 인구의 오줌 속 인을 회수한다면 2조g(200만 톤) 정도를 얻을 수 있다. 연간 전세계 인 채굴량이 약 2200만 톤 정도 되므로, 오줌을 통해 전체의 약 10%에 이르는 인을 얻을 수 있다는 계산

4장 비비시스템의 다양한 쓰임새

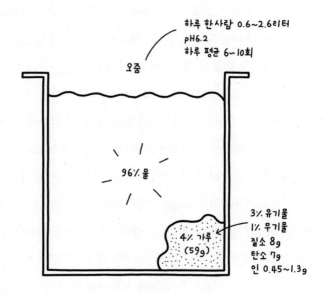

[한 사람이 하루에 배출하는 오줌의 양과 그 성분]

오줌

하루 한사람 0.6~2.6리터
pH6.2
하루 평균 6~10회

96% 물

4% 가루
(59g)

3% 유기물
1% 무기물
질소 8g
탄소 7g
인 0.45~1.3g

[Cranfield 대학, 2015년]

이 나온다. 고갈되고 있는 한정된 자원이고 농사에서는 없어서는 안 되는 핵심 비료라는 점을 고려하면 오줌 인의 회수는 분명 의미가 있다. 또한 하천의 녹조 부영양화, 연안 적조 현상의 주 원인이 질소와 인인데, 이 중에 인은 질소에 비해 극히 미량만 존재해도 미생물이 자라날 수 있게 하는 영양분이다. 인을 비비시스템을 통해 회수하여 비료로써 활용한다면 그야말로 1석 2조 이상의 효과를 얻을 수 있다.

또 오줌에 들어 있는 암모니아나 황산 성분은 콘크리트 구조물이나 수도관 등을 부식시킨다. 때문에 오줌을 흘려보내지 않고 따로 수거하여 재활용하면 이런 일을 방지하는 데도 도움이 된다. 액비는 영양분이 수분과 함께 녹아 있어서 토양에 깊숙이 스며들어가 토양 속의 딱딱한 비료 성분들을 더 넓게 퍼뜨려주는 역할도 한다. 똥과 마찬가지로 오줌의 재활용 또한 이렇게 다양한 가치를 창출하는 것이다.

한편, 앞의 비비변기 이야기에서 배출된 오줌을 처리할 때 0.5리터의 물을 쓴다고 언급한 바 있다. 물의 양이 그 이상도 이하도 아닌 0.5리터인 이유는 이 액비화 작업과 관련이 있다. 액비를 만들 때 오줌에 물이 많이 섞여 있으면 좋지 않다. 액비의 농도가 묽어지면 비료로서 성능이 떨어지는 탓이다. 여러 차례 실험해본 결과, 액비의 효율을 떨어뜨리지 않는 한도 내에서 변기 세척에 최소한으로 필요한 만큼의 적당한 양이 0.5리터였다.

퇴비와 액비 이야기를 마무리하기 전에 한 가지 짚고 넘어가야 할 게 있다. 인분으로 만든 퇴비는 현재 상업적으로 판매할 수 없다. 인분을 퇴비로 만들어 파는 게 불가능한 건 아니다. 법 규정상으로는 가축분뇨와 인분 모두 부산물비료로 분류되어 있다. 그래서 퇴비로서의 안정성을 검사하고 검사 결과에 따라 부산물비료로 지정받는다면 인분 퇴비도 상품으로 얼마든지 판매할 수 있다. 그런데 인분을 퇴비화하여 상품으로 만들지 않는 이유는 간단하다. 퇴비로 만들 충분한 인분을 구할 수 없기 때문이다. 거의 모든 사람의 똥은 수세식 화장실을 통해 하수처리장으로 보내지고 있기 때문이다. 퇴비로 만들어 활용될 수 있는 인분이 물과 에너지 등을 써가며 처리되고 있는 것이다. 안타까운 일이다. 그렇지만 우리 사회가 비비시스템으로 똥 처리 방식을 바꾼다면, 인분 퇴비의 생산과 판매도 가능해질 수 있다.

똥에서 '금덩어리'를 캐자

지금까지 똥이라는 한 개의 돌로 여러 마리의 새를 잡을 수 있다는 사실을 확인했다. 비비시스템에서 사람 배설물은 쓰레기이기는커녕 다양한 에너지와 자원 등을 선사해주는 원천이 될 수 있다는 점 말이다. 내용이 조금 복잡했으므로 중요한 것 중심으로 갈래를 나누어 정리해보자.

△ 메탄가스: 난방, 요리, 자동차 연료 등 다양한 용도로 쓰인다. 연료전지를 활용하면 전기와 물도 만들어낸다. 화석연료 대체 효과가 크다.

△ 바이오디젤: 주로 자동차 연료로 쓰인다. 오염물질 배출이 적으며, 특히 석유 대체 효과가 크다.

△ 퇴비: 작물 재배에 큰 도움이 되며 토양 비옥화, 화학비료 남용 억제, 환경오염 예방 등의 효과를 낳는다.

△ 액비: 식물 생장에 큰 도움이 되며 희소자원 대체의 효과를 낳

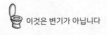

고, 오줌으로 수도관 등이 부식되는 걸 방지한다.

△ 녹조류: 바이오디젤의 생산 원료로서 환경 개선과 도시 경관 미화에도 도움이 된다. 클로렐라는 영양제와 건강식품으로 애용된다.

우리나라가 그랬듯 중국 또한 과거에는 오래도록 사람 배설물을 비료로 사용하는 농업 시스템을 유지해왔다. 그래서 옛날 중국에서 똥은 요긴한 돈벌이 수단이자 귀한 상품이었고, 똥 장사가 중요한 사업 아이템 가운데 하나였다. 어떤 이들은 각지에서 사람 배설물을 수집하여 먼 곳으로 수송해서 팔기도 했다. 이에 조선 정조 때 실학자 연암 박지원은 중국을 돌아보고 나서 이런 말을 남겼다. "분뇨는 지극히 더러운 물건이다. 그러나 중국 사람들은 이것으로 논밭을 가꾸기 위해 금덩어리처럼 소중히 여긴다."

지금은 21세기 첨단 문명의 시대다. 과학기술 발전에 힘입어 사람 배설물을 재활용하는 방법도 늘어났고 그 수준 또한 높아졌다. 똥에 담긴 여러 가치 가운데 예전에는 상상하지 못했거나 또 알고는 있어도 실제로 활용하기는 어려웠던 것들도 지금은 현실화시킬 수 있다. 그 덕에 똥을 재활용하여 얻을 수 있는 이득과 혜택 또한 아주 많아졌다.

똥을 비료로 이용하는 것 정도에 대해 금덩어리 운운한 박지원이 만약 지금의 비비시스템을 본다면 어떤 반응을 내놓을까? 에너지 위기, 자원 위기, 환경 위기 등이 동시다발로 들이닥치고 있는 오늘날, 비비시스템이 열어줄 새로운 세상을 마다할 이유가 뭐란 말인가.

4장 비비시스템의 다양한 쓰임새

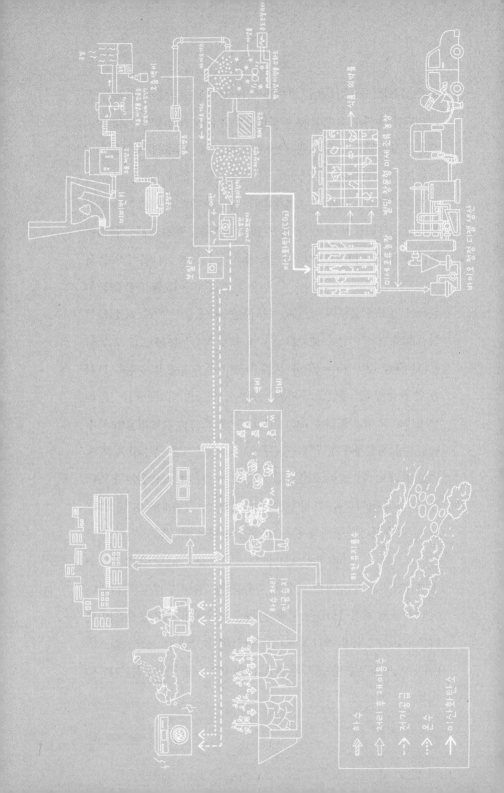

5장

변기가 공동체를
이룬다면

경제성의 두 얼굴

그런데 이런 비비시스템을 우리 일상에서 실현하기 위해 넘어서야 할 문제가 있다. 바로 경제성 문제다. 비비변기와 비비시스템 자체는 이미 개발돼 있지만, 실제로 현실에 적용되고 가동되어야 의미 있는 것 아니겠는가. 아파트 단지든 마을이든 건물이든 이 시스템이 설치돼 돌아가야 그 다음도 논할 수 있는 법, 여기서 당연히 대두되는 게 '규모의 경제'다.

이 대목에서 비비시스템의 현실 적용에 필요한 조건이 무엇인가부터 따져보자. 비비변기나 비비시스템은 둘이 따로 존재할 수 없다. 비비변기가 제 기능을 하려면 진공흡입관으로 연결되는 전체 비비시스템과 반드시 결합돼야 한다. 비비시스템의 가동은 변기 하나만으로는 불가능하다. 게다가 당연히 몇 가구 정도만으로도 안 된다.

그런 규모로는 일단 배출되는 분뇨의 양 자체가 아주 적을 터, 이를 원료로 하는 에너지 생산 등과 같은 비비시스템의 작동이 제대로 이루어질 수 없다. 게다가 작은 규모로는 집집마다 비비변기를 설치하고 이 변기들을 연결시키는 비비시스템을 갖추는 데 드는 단위 비용이 클 수밖에 없다. 또한 어찌어찌 비용 조달에 성공한다 해도 그 비용의 회수 역시 힘들 건 뻔한 이치다.

되짚어 말하자면, 비비시스템을 쓴다는 건 기존의 수세식 화장실을 더 이상 사용하지 않게 된다는 뜻이다. 지금 우리는 분뇨처리를 공공서비스로 제공되는 하수처리 시설에 맡기고 있지만, 이를 바꾼다는 건 아파트 단지나 마을 같은 일종의 공동체 단위에서 바이오에너지 생산시설을 새롭게 설치해야 한다는 의미다. 이는 결코 간단치 않은 변화다.

제도 차원이든 인식이나 관행의 차원이든, 이미 뿌리내린 기존 시스템을 바꾸는 건 쉬운 일이 아니다. 게다가 거의 모두가 현재의 수세식 화장실에 만족하고 있는 상황이고, 다른 방식은 생각해보지도 않고 있다. 가지 않은 길, 아니 있는지도 모르는 길인 셈이다. 그러므로 비비시스템으로의 전환이 가능하려면, 우선 이 시스템을 마음으로도 받아들여 자기 집에 실제로 설치해서 한번 써보겠다는 다수 사람의 뜻부터 모여야 한다. 이른바 '심리적 수용성'과 '사회적 수용성'이 동시에 충족돼야 하는 것이다.

이를 위해 필요한 건 뭘까? 일단은 비비시스템이 충분히 경제성 있으며 비용보다 편익이 크다는 것이 입증되어야 한다. 이것이 가장 중요하다고는 할 수 없을지 몰라도 무슨 일이든 경제성이 떨어지면 추진되기 어려운 게 현실인 때문이다. 그런데 문제가 있다. 비비시스템의 경제성을 정확하게 분석하기가 쉽지 않은 것이다. 현재 단계에서는 비비시스템을 설치하는 데 어느 정도의 비용이 들어갈지 아주 정확히 가늠하기는 어렵다. 관련 기술의 발전 정도와 대량생산의 유무에 따라 달라질 것이기 때문이다. 또 하나, 비비시스템이 지닌 복합적 속성으로 그것이 주는 편익이 다양하다는 점도 고려해야 한다. 즉 비비시스템은 '사적' 성격과 '공적' 성격을 동시에 지니고 있어서, 편익이 개인에게만 주어지지 않는다는 점을 말이다.

비비시스템 설치에는 필연적으로 비용이 발생하고, 이는 시스템 사용자들이 부담해야 한다. 이 시스템을 설치하는 방법이나 경로로 여러 가지 경우의 수를 상정해볼 수 있고 이에 따라 사용자들이 비용 전액을 떠안지 않아도 되는 상황도 가정할 수는 있다 해도, 적어도 원칙적으로는 그렇다. 이것이 사적인 성격이다. 정확한 경제성 분석과 이에 기초한 경제성 확보가 요구되는 대목이다. 비비시스템으로 얻는 편익보다 지불해야 하는 비용이 더 크다면 사람들이 쉽사리 받아들이지 않을 것이기 때문이다.

한데 비비시스템은 공적인 성격도 강하게 지니고 있다. 에너지 생산 등과 같은 경제적 가치 외에 다양한 사회적 가치도 만들어내기 때문이다. 예를 들면 비비시스템을 사용함으로써 수세식 변기와 하수처리장 중심의 기존 시스템이 일으키는 막대한 환경오염을 막을 수 있다는 점이 대표적인 사회적 가치 창출 사례다. 퇴비도 이런 관점에서 생각할 수 있다. 비비시스템으로 생산되는 퇴비는 그 자체가 판매 가능할 터, 화폐가치를 지닌다. 여기서 더 나아가 토양을 비옥하게 하고 영양물질의 자연 순환을 북돋운다. 퇴비를 사용하는 만큼 화학 비료 사용이 줄어들 테니, 이 또한 토양 훼손과 수질오염을 막는 등 자연을 이롭게 한다.

비비시스템이 생산하는 에너지가 화석연료를 대체하는 효과가 있 다는 점도 중요한 대목이다. 화석연료의 채굴·수송·정제·분배 등의 과정에서 발생하는 비용 전반을 줄일 수 있다. 나아가서는 화석연료 사용이 일으키는 환경문제를 해결하느라 또 다시 투입해야 하는 비 용도 절감해준다. 이런 과정 속에서 비비시스템은 환경위기 시대를 지속가능한 경제로 일구어 나가는 데 직간접적으로 기여할 수 있다.

이런 다양한 효과들을 수치로 정확하게 계량하긴 힘들다. 하지만 이것이 사회와 공동체 전체에 이득을 안겨준다는 건 분명하다. 이런 것이 비비시스템이 가지는 공적 성격이다. 사실 비비시스템의 공적 성격은 순수한 경제적 측면에서도 따져볼 수 있다. 비비시스템이 기 존 시스템의 막대한 물 낭비를 없애준다는 건 익히 강조해왔다. 여 기다 하수처리 시설의 건설과 운용, 오염된 물을 정화하는 작업 등 에 소요되는 비용도 아껴준다. 아울러 이 과정에서 발생하는 각종 에 너지와 자원 낭비도 막아준다. 하수처리장이 공공시설이라는 사실 에서 알 수 있듯이, 이렇게 절감되는 비용들 가운데는 국민 세금으로 조달되는 공적 부담이 큰 몫을 차지한다. 그러므로 결국 남는 숙제는 화폐가치로 환산하기 어려운, 공적 성격이 강한 이런 수많은 가치를 경제성 분석에서 어떻게 다룰 것이냐.

비비시스템의 가치는 얼마나 될까

이럴 때 널리 쓰이는 방법이 '조건부가치측정법(CVM: Contingent Valuation Method)'이다. 이 방법은 환경재나 공공재 같이 화폐 단위로 경제적 가치를 측정하기 어려운 것의 경제성을 분석할 때 주로 쓰인다.

환경재(環境財)란 오염물질 발생은 별로 없고 많은 사람이 공통으로 즐기는 것을 가리키는 말이다. 깨끗한 공기, 맑은 물, 아름다운 경치 등이 여기에 속한다. 이런 환경재는 공공재의 하나다. 많은 사람이 공동으로 소비 혜택을 누릴 수 있는 재화나 서비스가 공공재다. 보통 도로·철도·항만·교량·공원 등이 꼽히지만 자연환경이나 에너지도 공공재에 속한다고 볼 수 있다.

알다시피 재화의 가치에는 다양한 종류가 있다. 사용가치는 사람의 욕망을 직접 충족시키는 재화의 효용성이다. 하지만 재화에 따라 비(非)사용가치를 지닌 것들도 얼마든지 있다. 직접 사용하지는 않더라도 그 재화에 내재된 또 다른 효용이 있기 때문이다. 미래세대가 누릴 수 있는 편익인 유산가치, 존재한다는 것 자체만으로 발생하는 편익인 존재가치 등이 그런 보기들이다. 가령 습지는 농어업 생산, 쉼터 제공 등과 같이 사람들에게 직접적인 이득을 안겨주는 가치를

5장 변기가 공동체를 이룬다면

갖고 있다. 동시에 건강한 생태계 유지, 홍수 조절, 지하수 재충전, 생물 다양성 보존, 미래세대 유산 등과 같은 무형의 가치들 역시 가지고 있다. 바로 이런 특성을 지니는 것이 공공재다.

문제는, 이런 공공재는 일반 상품처럼 시장에서 사고팔 수 있는 게 아니며 보완재나 대체재도 존재하지 않을 때가 많다는 점이다. 그래서 경제적 가치를 직접 측정하거나 수치로 계량화하기가 어렵다. 조건부가치측정법을 쓰는 이유가 여기에 있다. 이 방법은 어떤 공공재에 대해서 그것을 도입하는 데 사람들이 얼마의 비용을 지불할 의사가 있는가를 조사하는 것이다. '자신이 사는 마을에 새로 공원을 만든다면 얼마까지 돈을 낼 수 있는가' 같은 물음을 던지는 것이다. 한마디로 비시장적 재화의 경제적 가치를 파악하는 것이 CVM을 활용하는 목적이라고 할 수 있다. 비비시스템 또한 공적 성격이 강하므로, 비비시스템의 경제성도 CVM으로 가늠하는 데 적합하다.

이것의 구체적인 분석 방법으로는 '진술선호접근법'이라는 것이 사용된다. 이는 공공재의 이용과 관련해 가상적인 상황을 설정한 뒤, 이런 상황에서 각 개인이 어떤 선택을 할지 설문조사를 통해 통계를 내고 분석함으로써 공공재의 가치를 평가하는 방법이다. 설문조사에서 사람들에게 물어보는 핵심 사항은 설정한 상황에 대한 선호가 어떻게 되느냐와, 이를 위해 얼마 정도의 비용을 지불할 의사가 있느냐다.

이에 따라 지난 2018~2019년 「미래사회 대응 자원순환형 기술 사업화에 대한 주민들의 수용성 및 진술선호 측정: 물 절약, 바이오

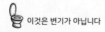

에너지 회수 변기 시스템을 사례로」라는 제목의 연구가 이루어졌다.(연구책임자: 엄영숙 전북대 경제학과 교수, 공동연구자: 오형나 경희대 국제학과 교수, 조재원 울산과학기술원 도시환경공학과 교수, 김자애 울산과학기술원 도시환경공학과 연구교수) 이 연구의 주요 내용은 무엇이며 결과는 어떻게 나왔을까?

조사 설계의 첫 단계는 응답자들의 조건부 상황을 설정하는 것이다. 이 연구에서는 두 가지 변기 시스템을 가상 상황으로 제시했다.

하나는 기존 시스템이다. 이에 대해선 각 가정에 설치된 수세식 변기를 이용하여 하루 6번 대소변을 본다면 60리터의 수돗물이 사용되며, 대소변이 섞인 물이 정화조를 거쳐 하수처리장으로 이동한 후 오수는 처리 과정을 거쳐 방류되고 대소변 찌꺼기는 탈수되어 매립되거나 소각된다는 설명을 그림과 함께 제시했다. 다른 하나는 비비 시스템이다. 이에 대해선 하루 6번의 대소변 처리에 60리터가 아닌 6리터의 물을 사용하고, 대소변이 분리 처리된 뒤 대변에 포함된 유기물이 미생물 발효를 통해 메탄가스를 발생시킴으로써 난방용 연료와 전기를 생산할 수 있으며, 남은 찌꺼기는 퇴비로 활용될 수 있다는 설명을 그림과 함께 제시했다.

이렇게 두 종류의 시스템을 설명한 뒤 냄새와 청결도 등에서 차이가 없다고 가정하면 자기 집에서 둘 중 어느 것을 사용할지를 물었다. 이는 비비시스템에 대한 개별 가구의 심리적 수용성 조사라고 할 수 있다.

둘째 단계는 개별 가구를 넘어 비비시스템 구축의 사회적 수용성에 대한 조사였다. 여기서는 아파트 단지 또는 단독주택으로 이루어진 마을공동체 단위로 바이오에너지센터(각 가구에서 배출된 대변을 모아 미생물 소화조에서 바이오에너지를 생산하는 시설)를 건립하는 것에 대한 선호도를 조사했다. 개별 가정이나 몇몇 가정의 인분만으로는 전기나 가스를 생산할 수 없으므로 마을이나 아파트 단지 등과 같은 일정 규모 이상의 집단이 공동으로 바이오에너지센터를 설치해야 하기 때문이다. 아울러 이 연구에서는 그동안 하수처리 시설이 지방 공공서비스로 제공되었다는 점을 감안하여 공동체 내 비비시스템과 관련된 시설은 지방자치단체가 제공한다고 가정했다.

이렇게 제시된 조건부 상황에서 구체적으로 가정한 세부 내용은 이랬다. 3인 가족 1000세대로 이루어진 아파트 단지나 단독주택 공동체를 구성한다. 이 공동체에 속한 모든 가구가 비비변기를 사용하면 공동체의 수돗물 사용량은 매일 약 162톤 정도 절약된다. 각 가정에서 발생하는 인분으로 생산된 회수열(열에너지)로는 310명 정도가 샤워를 할 수 있고, 전기로 전환될 경우에는 전기버스로 900km를 운행할 수 있다. 참고로, 이들 수치는 임의로 정한 것이 아니라 비비시스템의 실제 성능을 가감 없이 반영한 것이다. 바이오에너지를 생산하고 남은 찌꺼기는 퇴비로 만들어 주말농장이나 옥상 텃밭 등에서 사용할 수 있다. 또한 이 시스템으로 생산된 전기나 가스를 공동체에 속한 가정에서 사용하면 가스요금·전기요금·수도요금 등을 절약할 수 있다.

한편, 이 시스템을 설치하는 데는 상당한 비용이 들기 때문에 지방자치단체가 재원 조달을 위해 5년 동안 한시적으로 바이오에너지기금을 마련하고자 한다는 설명도 아울러 제시되었다. 이를 바탕으로 응답자들에게 각 가정의 소득과 지출, 그리고 절약될 요금들을 염두에 두고 향후 5년 동안 매월 바이오에너지기금 형식으로 돈을 지불할 의사가 있는지를 물었다. 만약 아파트 단지나 단독주택 공동체 단위로 협동조합 등을 결성하여 비비시스템 설치를 추진한다면 수도요금·전기요금·도시가스요금 등을 지불 방식으로 선택할 수 있을 것이다. 하지만 이 연구에서는 지방자치단체를 시설 공급 주체로 상정했기 때문에 '기금'이라는 형태를 적용했다.(설문조사 실시 전, 표적집단 토론회에서 나온 참석자들의 아이디어에 따른 것이다.)

1만2300원의 의미

먼저 개별 가구의 심리적 수용성 조사 결과를 살펴보자. 전체 표본

1613명 가운데 1270명이 냄새나 위생 측면에서 같은 조건이라면 기존 수세식 변기가 아닌 비비변기를 사용하겠다고 응답했다. 비율로 치면 79%에 이른다. 이는 아파트 거주자나 단독주택 거주자 사이에 별다른 차이가 없었다. 이들이 비비변기를 선택한 이유로 가장 큰 비중을 차지한 것은 '친환경적이다'였다. 반면에 기존 수세식 변기를 선택한 사람은 343명(21%)이었는데, 그 이유로는 '교체하려면 돈이 들 것 같다'가 가장 많았다.(자세한 답변은 아래 그래프를 참고)

인구통계학적 변수와 관련해서는 아파트나 단독주택의 구분 없이 자가 소유자일수록 비비변기의 수용성이 낮았으며, 소득 수준이나 주택 유형에 따라서는 차이가 나타나지 않았다.

다음으로 비비시스템 구축의 사회적 수용성 조사 결과는 어떻게

[비비변기와 수세식 변기 선택 이유 분포]

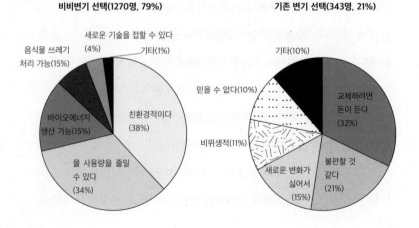

비비변기 선택(1270명, 79%)

새로운 기술을 접할 수 있다 (4%)
기타(1%)
음식물 쓰레기 처리 가능(15%)
바이오에너지 생산 가능(15%)
친환경적이다 (38%)
물 사용량을 줄일 수 있다 (34%)

기존 변기 선택(343명, 21%)

기타(10%)
믿을 수 없다(10%)
교체하려면 돈이 든다 (32%)
비위생적(11%)
불편할 것 같다 (21%)
새로운 변화가 싫어서 (15%)

나왔을까? 말했듯이 이것의 핵심은 제시된 금액을 비비시시템 설치를 위한 바이오에너지기금으로 지불할 의사가 있는지 여부였다. 제시된 금액에 대해 '예'라고 응답하면 비비시스템에 대한 선호를, '아니요'라고 응답하면 기존의 수세식 화장실 시스템에 대한 선호를 나타낸다고 볼 수 있다. 여기서 응답자는 특정 시스템을 선택함으로써 얻을 수 있는 '총효용(Total Utility)'에 기반해서 답을 했다고 볼 수 있다.

이에 대해 전체 1613명 중 1078명(67%)이 제시된 금액에 대해 '예'라고 응답했다. '아니요'라고 응답한 사람 535명(33%)에 대해서는 후속 질문으로 지불 의사가 전혀 없는지를 다시 물었다. 그랬더니 지불 의사가 전혀 없다는 의사를 밝힌 응답자는 276명이었다. 전체 표본을 기준으로 하면 이는 16%에 해당한다. 결국, 금액에는 차이가 있을 수 있지만 어떻든 지불 의사를 가진 사람은 전체에서 이 16%를 뺀 84%에 이른다.

앞에서 비비변기를 사용할 의사가 있다고 밝힌 사람은 1270명(79%)이었고, 수세식 변기를 선택한 사람은 343명(21%)이었다. 예상할 수 있듯이, 비비변기를 선택한 사람 중에는 제시된 금액에 대해 '예'라고 응답한 비율이 87%에 달했다. 이에 비해 수세식 변기를 선택한 사람 중에서는 긍정적인 지불 의사를 나타낸 비율이 67%였다. 그리고 이 또한 익히 짐작할 수 있듯이, 제시 금액이 커질수록 바이오에너지기금 납부에 긍정적으로 응답할 가능성은 낮아졌다.

정말 궁금한 것이 남았다. 그렇다면 이 연구에서 응답자들이 지불 의사를 밝힌 금액, 곧 비비시스템 구축을 위해 5년 동안 한시적으로 매월 가구당 바이오에너지기금 형식으로 낼 의사가 있는 것으로 조사된 금액은 과연 얼마일까? 1만2300원이었다.

이 못지않게 중요한 사항이 또 한 가지 있다. 그렇다면 비비시스템으로 발생하는 편익은 금액으로 따질 때 얼마냐가 그것이다. 이에 연구팀에서는 조건부 상황 시나리오로 제시한 3인 가족 1000세대가 비비변기를 설치해 비비시스템을 사용할 때 예상되는 매월 수돗물 감소량, 전기와 가스 발생량, 퇴비 생산량 등을 계산했다. 그리고 이렇게 발생하는 편익을 각 가정에 배분한다고 가정할 때 가구당 공공요금 절감액이 얼마나 될지를 계산했다. 그랬더니 수돗물, 전기, 가스 사용의 여러 시나리오에 따라 가구당 매월 7800원~1만8800원이라는 결과가 나왔다.

이런 결과는 의미가 자못 깊다. 응답자들이 지불할 의사가 있다고 밝힌 월평균 1만2300원이라는 액수가 가구당 예상되는 각종 요금 절감액의 범위 안에 속하기 때문이다. 이는 곧, 비비시스템 이용자들 입장에서는 지불하는 비용보다 얻게 될 편익이 더 클 수 있다는 것을 시사한다. 이런 이득의 존재는 비비시스템이 사람들에게 수용될 가능성을 대폭 올려주는 요소로 작용할 수 있다.

그래서 1만2300원에 해당하는 지불 의사가 최근 국내에서 수행된 신재생에너지 관련 조건부가치측정법 연구들에서 나타난 지불 의사들보다 그 금액이 높다는 점도 눈여겨볼 만하다. 예를 들면 기존의 다른 연구에서는 신재생에너지로 생산한 전기 사용을 위해서는 매월 3456원을, 원자력 발전에서 신재생에너지 발전으로 대체하는 데는 월 4554원을, 석탄화력 발전을 신재생에너지 발전으로 대체하는 데는 월 4005원의 지불 의사가 있는 것으로 각각 조사되었다고 한다. 한마디로 다른 공공재 성격의 사업보다 비비시스템 사업에 대한 지불 의사가 이례적일 정도로 높게 나온 것이다.(물론 여기서 고려해야 할 사항은 있다. 기존의 다른 연구에서는 주로 전기나 가스 가운데 한 가지 유형의 바이오에너지 생산에 대한 지불 의사를 측정한 반면, 이 연구에서는 물 사용량 절감, 전기와 가스 생산, 퇴비 생산 등 다양한 편익이 포괄적으로 반영됐다고 볼 수 있다.)

이상의 논의를 종합해보자. 먼저, 위생이나 냄새 등의 문제가 없다면 다수의 사람이 기존 수세식 변기 대신에 비비변기를 사용할 의사를 표했다. 이는 개인의 심리적 수용성 측면이다. 다음으로, 다수의 사람이 이를 위한 나름의 비용을 지불할 의사 역시 갖고 있다. 이는 사회적 수용성 측면이다. 이렇게 비비시스템 대중화에 필수적으로 요구되는 이 두 가지 요건이 충족된 셈이다. 여건만 갖춰진다면, 그래서 비용만 적절히 설정된다면 비비시스템은 우리 사회에 널리 보급될 가능성이 높은 것이다.

참고로, 한 가지 새기고 넘어가야 할 대목이 있다. 이 연구의 세부 내용을 살펴보면, 인분을 유기물이 많이 포함된 자원이라고 생각하는 사람들일수록, 기존의 수세식 화장실이 물 낭비가 심하다고 생각하는 사람들일수록, 바이오에너지가 열효율이 좋고 재생에너지가 원전의 대안이라고 생각하는 사람들일수록 비비변기와 비비시스템을 선호하는 경향이 크게 두드러진다는 점이다. 이는 개인적 수용성 뿐만 아니라 사회적 선호에서도 마찬가지였다.

얼핏 당연한 얘기로 들릴지도 모르겠다. 하지만 이는 비비시스템 의 사회적 확산을 위해 중요하게 고려해야 할 점이 무엇인지를 일깨 워준다. 사람들의 인식이나 태도가 그것이다. 즉 똥의 가치, 수세식 화장실과 기존 배설물 처리 시스템이 안고 있는 문제, 바이오에너지 를 비롯한 재생에너지의 중요성 등을 포함해 비비시스템과 관련된 환경적 배경지식이나 의식 수준이 높을수록 비비시스템을 더 적극 적으로 수용하게 된다는 얘기다. 결국, 경제성의 확보가 중요하다는 것은 두말할 나위도 없지만 이 또한 사회적 인식의 전환이 밑받침될 때 그 효과를 온전히 발휘할 수 있음을 보여준다.

경제성은 걸림돌이 아니다

물론 유의할 점이 있다. 조건부가치측정법으로 조사한 결론은, 사 람들이 비비시스템의 공공적 가치를 인정하며 그 가치를 위해 일정 한 금액을 지불할 의사가 있다는 걸 보여주는 것이지, 그 자체로 비 용보다 편익이 크다는 걸 말해주지는 않는다. 그래서 이런 의문이 제 기될지도 모르겠다. 널리 알려진 경제성 분석법인 이른바 '편익/비 용 분석법(B/C 분석법)'을 적용하면 어떻게 될까 하는 게 그것이다. 어떤 일을 실행할지 말지를 결정하는 데 중요한 근거가 되는 이 분석

법의 특징은 비용과 편익을 모두 화폐 단위로 환산하여 계산한다는 점이다. 보통 장래에 발생할 비용과 편익을 현재가치로 환산하여 편익의 현재가치를 비용의 현재가치로 나누는 방법을 쓴다. 이 비율이 1 이상으로 나오면 대체로 '경제성이 있다'고 판단한다.

이 방법을 적용하여 비비시스템의 경제성을 분석하면 어쩌면 불리한 결과가 나올 수도 있다. 비비시스템 설치 전반에 소요되는 비용이 상당히 높게 설정될 것이기 때문이다. 비비변기부터 시스템 전반의 여러 설비들까지 대량생산이 가능한 상황을 전제하지 않는다면 그렇게 될 수밖에 없다.

하지만 여기서 주의해야 할 사실이 있다. 편익/비용 분석법이 요즘은 그리 환영받지 못하는 게 경제학계의 전반적인 추세라는 점이다. 물론 적용 사례에 따라 다르긴 하지만, 특히 분석 대상이 공공재인 경우는 이 방법이 거의 인정되지 않는다고 한다. 이와 관련해 공공재의 경우는 B/C 비율이 1 이하로 나와도 사업을 추진할 때가 많고, 심지어는 0.6 정도만 되어도 '사업 추진 가능'으로 평가할 때가 더러 있다고 한다. 사회 전체에 큰 도움을 주고 다수의 구성원에게 혜택을 제공하는 공적 사업은 수익 추구를 가장 먼저 앞세우는 일반 사업과는 성격이나 목적 자체가 근본적으로 다르기 때문이다. 결론적으로, 어떤 공공재가 필요하다고 인정된다면 비용/편익 분석법에서의 경제성은 크게 걸림돌이 안 된다는 얘기다.

어떻든 비비시스템은 공공재 성격이 강하므로 공공사업으로 추진하는 게 불가능하지 않다. 엄영숙 등이 수행한 앞의 연구에서 바이

[여러 가지 신재생에너지 지원 사업]

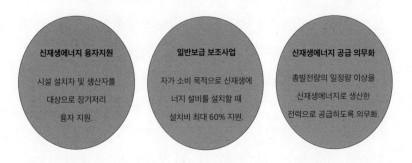

신재생에너지 융자지원
시설 설치자 및 생산자를 대상으로 장기저리 융자 지원.

일반보급 보조사업
자가 소비 목적으로 신재생에너지 설비를 설치할 때 설치비 최대 60% 지원.

신재생에너지 공급 의무화
총발전량의 일정량 이상을 신재생에너지로 생산한 전력으로 공급하도록 의무화.

오에너지센터 건립을 지방자치단체가 주도하는 상황을 상정한 것도 이와 관련이 깊다. 지금의 현실적 조건에서 상당히 큰 비용이 소요되는 비비시스템으로의 전환에 필요한 비용 부담을 공적인 지원제도로써 경감할 수 있다면 비비시스템의 경제성은 크게 높아질 것이다. 기후변화, 에너지 위기, 녹색뉴딜 등이 시대의 화두로 떠오른 지금 상황에서 이것이 마냥 엉뚱한 얘기일까?

실제로 유럽 등지에서 재생에너지가 급속히 확산될 수 있었던 중요한 요인 가운데 하나는 발전차액지원제도 같은 공적인 지원책이었다. 발전차액지원제도란 재생에너지를 사용하여 공급된 전력의 거래 가격이 본래 기준 가격보다 낮을 경우 그 차액만큼을 지원해주는 제도적 장치다. 덕분에 재생에너지 생산자는 전력 생산에 소요되는 비용 부담을 크게 덜 뿐만 아니라 오히려 수익을 낼 수도 있게 된다. 앞에서 소개한 독일 윤데 마을의 성공 비결 가운데 하나도 이것이었다.

비비시스템의 경우도 다르지 않다. 공공사업의 일환으로 추진되든 제도적 지원책이 마련되든 여러 가지 조건이나 상황이 잘 맞아떨어진다면, 예컨대 100~200가구 정도의 크지 않은 규모라 하더라도 경제성 확보가 가능할 것이다.

참고할 만한 사항은 또 있다. 지난 2015년 유엔(UN) 산하 싱크탱크인 유엔대학 물·환경·건강연구소(UNU-INWEH)가 '세계 화장실의 날'을 앞두고 발표한 연구 결과가 그것이다. 당시 유엔대학은 인류 전체가 한 해에 배출하는 똥오줌을 모두 메탄가스 같은 에너지로 재활용한다면 그 경제적 가치는 연간 최대 11조 원에 이르며, 이 정도의 에너지라면 최대 1800만 가구가 사용할 전기를 생산할 수 있다고 밝혔다. 그러면서 중요한 얘기를 덧붙였다. 사람 똥으로 만드는 바이오가스의 경제적 가치는 이에 필요한 건축비나 시설비를 2년 만에 회수할 수 있는 수준이라고 말이다. 유엔기구의 이런 연구 결과는 비비시스템의 경제성 분석에 막바로 적용할 순 없지만 간접적인 판단근거는 제공해준다.

당장의 조건에서는, 경제성 확보의 현실적 관건은 비비변기의 가격이다. 비비시스템의 전체 설치비용에서 가구당 몫 가운데 가장 큰 비중을 차지하는 것이기 때문이다. 하지만 2장에서도 밝혔듯이, 비비시스템의 대중화가 이루어지고 이에 발맞추어 비비변기의 대량생산이 가능해지면 비비변기의 가격은 기존 수세식 변기 가격과 비슷한 수준으로 낮아질 수 있다. 대량생산의 전제인 주물 틀을 갖추고 기존 변기와 같이 도기로 제작할 수 있게 되면 그 단가는 별로 문제될 수준이 아닐 것이다. 이렇게 되면 비비시스템 설치에 드는 비용 전체가 크게 낮아질 수 있다.

사실 일반 시민 입장에서는 비비시스템을 설치하더라도 당장의 부담에서 특별히 달라질 건 없다. 기존 시스템 아래서도 이미 수도요금 같은 하수처리비용을 부담하고 있기 때문이다. 비비시스템 사용에 따른 비용 부담이 기존의 부담 수준과 그리 다르지 않되, 배설물 처리나 위생 등은 이전 그대로 유지하면서도 에너지나 퇴비 등과 같은 새로운 이득은 추가로 발생한다. 또한 이 이득은 다양한 방식으로 활용될 수 있고, 사회적으로나 환경적으로 소중한 의미를 지닌다. 그렇다면 비비시스템을 마다할 이유가 있을까?

중요한 것은, 그리 될 경우 이 이득이 어디서 주어진 것이 아니라 시민들이 스스로 동의하고 참여한 결과로 얻어진 것이라는 점이다. 그러므로 가장 중요하고 또 우선적으로 필요한 것은 어쨌거나 비비시스템의 대중화다. 게다가 앞의 연구에서도 확인됐듯이, 비비시스템의 공적 성격을 수긍하는 시민들은 나름으로 비용 지불 의사가 있다. 따라서 비비시스템을 실제로 설치해서 사용하는 성공적인 '모범 사례'가 하나씩 둘씩 나온다면 눈 깜빡할 사이에 확산될 수 있다. 비비시스템 대중화가 위생 시스템 개조나 에너지 체계 전환과 맞물려 더 큰 틀에서 사회 변화의 시너지 효과를 낼 수 있다는 점 또한 비비시스템의 가치를 평가하는 데 플러스 요인으로 작용하리란 것도 덧붙여둘 점이다.

도시의 새로운 상상, 인공습지

비비시스템은 사용자들에게 개별적인 이득과 혜택을 안겨줄 뿐 아니라 지역과 도시 전체에도 변화의 바람을 불러일으킬 수 있다. 따라서 도시에 대한 새로운 상상의 원동력이 될 수 있다. 비비시스템이 아파트 단지나 마을 등에 적용됐을 때 어떤 변화가 일어날지, 그리고 이런 변화가 쌓이고 퍼질 때 도시 전체가 어떻게 바뀔지를 한번 구체적으로 그려보자.

여기서 한 가지 검토해볼 사항이 있다. 비비시스템을 설치할 경우 하수 처리를 어떻게 할지가 그것이다. 비비시스템으로 바꾼다 해도, 사람들은 일상생활에서 세탁·설거지·목욕 등 다양한 용도로 생활하수를 쓰고 또 집 밖으로 내보낸다. 그래서 비비시스템과는 무관하게 기존 하수처리장은 그대로 둘 수밖에 없는 것 아니냐고 생각하기 쉽다. 물론 그냥 유지할 수도 있다. 하지만 다른 대안도 있다. 그중의 하나가 인공습지다.

인공습지란 자연습지와 비슷한 식생 구조와 물 환경 등을 인위적으로 조성한 곳이다. 물·토양·식물·미생물 등의 유기적인 상호작용으로 수질을 깨끗하게 만듦으로써 자연습지의 물 정화 능력을 더욱 향상시킨 새로운 하수처리 시스템이라고 할 수 있다. 모습은 자연습지와 비슷하다.

사실 똥과 오줌이 포함되지 않은 하수는 수질이 훨씬 양호하다. 그래서 만약 하수에 똥과 오줌이 포함돼 있지 않다면 자연습지와 비슷한 형태로 만든 인공습지 시설에서 훨씬 효율적으로 하수처리를 할 수 있다. 똥과 오줌을 하수처리장으로 흘려보내지 않는다면 굳이 지금처럼 물리적·화학적·생물학적 정화 처리를 모두 해야 하는 하수처리장을 만들고 운용할 필요가 없어지는 것이다.

인공습지가 관심과 주목을 끄는 이유는 장점이 많아서다. 무엇보다 인공습지는 수질개선 효과가 크다. 우선 인공습지에 조성된 다양한 식생은 물의 흐름을 방해하여 유속을 줄임으로써 토사를 밑바닥으로 가라앉힌다. 이 과정에서 토사의 입자에 오염물질이 들러붙어 함께 가라앉음으로써 오염물질이 제거된다. 또한 인공습지는 자연을 모방한 것이어서 다채로운 미세 환경을 조성할 수 있다. 오염물질을 정화 처리하는 미생물이 더 많이 살고 활동할 수 있는 환경적 조건이 갖추어지는 것이다. 인공습지에 있는 수생식물이나 습지식물의 줄기와 잎 등이 특히 중요한 역할을 담당한다. 이들 줄기와 잎은 식물에 달려 있을 때에도 미생물의 성장을 위한 서식처를 제공하지만, 인공습지 밑바닥에 떨어져 쌓여서도 비슷한 기능을 수행한다.

이처럼 인공습지는 다양한 방식으로 기존 하수처리장 못지않게 물속의 오염물질들을 효율적으로 처리한다. 특히 인공습지는 기존의 일반 하수처리장에서는 잘 처리되지 않는 질소와 인도 효과적으로 제거한다고 알려져 있다. 질소는 40~55%, 인은 40~60%까지 제거할 수 있다는 것이 전문가들의 연구 결과다. 특히 인은 고도 하수처리장에서도 제대로 걸러내기가 힘들다는 사실을 감안하면 인공습지의 수질 개선 효능은 탁월하다고 평가할 수 있다.

[인공습지의 물 정화 방식]

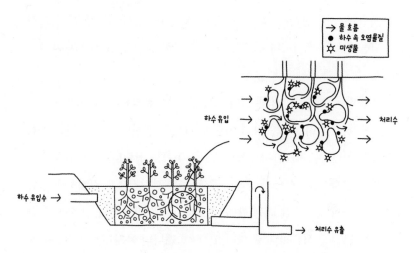

이뿐만이 아니다. 인공습지 하수처리장은 건설비용과 운영비용도 많이 들지 않는다. 인공습지를 만들려면 기본적으로 터 정지작업, 둑 등의 설치, 식물 식재 등을 해야 하지만 콘크리트나 철골 같은 것은 거의 필요 없기 때문에 습지 조성비가 별로 들지 않는다. 유지·관리 측면에서도 그렇다. 자연의 방식을 따르기에 기존 하수처리장이라 면 반드시 해야 하는 화학약품 투입, 슬러지 제거, 정화 처리를 위한 하수 이동 등을 할 필요가 없다. 하수처리 공간의 크기나 활동하는 미생물의 종류는 다르겠지만, 기존 하수처리장에서 이루어지는 미 생물을 이용한 생물학적인 분해 처리 과정이 여기서도 비슷하게 진 행된다. 운영하는 과정 전반에 특별한 전문기술이나 작업방식이 필 요한 것도 아니고, 에너지나 자원이 많이 소모되지도 않는다. 애당초

5장 변기가 공동체를 이룬다면

스스로 유지되도록 설계되는 것이 인공습지다. 나아가 인공습지의 기능은 수질 정화에 그치지 않는다. 야생동물들에게는 서식지를, 사람들에게는 휴식이나 환경교육 등을 위한 공간을, 도시에는 새로운 녹지공간과 경관을 제공해준다.

단점은 없을까? 물론 있다. 인공습지는 전적으로 인공의 시설인 기존 하수처리장과는 달리 자연에 가까운 것이어서 수질개선의 효율을 항상 일정하게, 지속적으로 보장하기는 어렵다. 그래서 물의 수위와 양과 흐름, 식물의 상태나 수질 등을 정기적으로 점검하면서 습지 기능을 최적으로 유지할 수 있도록 신경 써야 한다. 또한 인공습지는 넓은 면적을 필요로 한다. 1999년 캐나다 온타리오 생활하수처리 인공습지 처리시설 가이드라인에 의하면, 하루 3000톤 정도의 하수를 배출하는 1만 명 정도의 마을은 약 4만5000 m^2의 인공습지 부지 면적이 필요하다. 약 90만 톤의 하수를 처리하는 서울의 탄천물재생센터 면적이 약 40만 m^2인 걸 생각하면, 면적의 차이가 꽤 크다. 따라서 토지 확보가 어려운 대도시보다는 중소도시에 알맞을 수 있다. 하지만 기존 하천이나 호수 등을 활용한다면 큰 도시의 하수처리에서도 일정한 역할을 맡을 수 있을 것이다.

그래서 특히 유럽에서는 인공습지로 하수를 처리하려는 움직임이 활발하다. 대표적으로 유럽연합(EU) 회원국들은 똥오줌이 포함된 하수의 경우에도 양이 많지 않을 때에는 하수처리를 목적으로 만들어진 인공습지 처리 방식을 권장하고 있다. 『생태공학(Ecological Engineering)』 저널의 편집위원장인 얀 비마잘(Jan Vymazal) 교수에 의하면, 인공습지는 대개 인구 500~1000명의 작은 마을단위 하수처리에 주로 사용되는데, 체코의 경우 총 350개의 하수처리 인공습지가 있다고 한다. 비마잘 교수의 연구결과를 보면, 대부분의 인공습지가 기존 하수처리장에 비해서도 결코 떨어지지 않는 오염물 제거 효율을 나타내고 있어, 제대로 설치·운영된다면 하수처리의 대안으로도 손색이 없어 보인다. 특히, 비비시스템이 도입되어 똥오줌이 포함되지 않는 하수일 경우에는 인공습지로도 처리가 충분하지 않을까 싶다.

종합해볼 때 인공습지는 현장 여건에 맞추어 정교하게 만들어서 잘만 운영하면 하수처리와 수질 개선 효과를 효율적으로 얻을 수 있는 유력한 방도 가운데 하나라고 할 수 있다.

우리나라에서도 비슷한 경우를 찾아볼 수 있다. 지리산 기슭의 전북 남원 산내면에 있는 '작은마을'이라는 곳이 대표적이다. 생태불교의 본산으로 일컬어지는 남원 실상사 인드라망 공동체에서는 2010년부터 공동체 성격을 띤 이 생태 전원마을을 조성했다. 22가구가 들어선 이 마을에서는 집마다 똥오줌을 분리 처리하는 생태화장실을 사용한다. 여기서 나오는 똥은 따로 모아 퇴비를 만드는 데 활용한다. 그래서 이곳 화장실에서는 하수를 배출하지 않는다. 대신에 다른 생활하수는 인공습지에서 처리한다.

이 마을에만 있는 독특한 하수처리장은 습지를 공학적으로 일부 바꿔서 하수처리를 할 수 있도록 만들어졌다. 하수를 자갈들 사이로 흐르게 하고, 자갈들 사이에는 모래를 포함한 흙을 넣어 식물들이 자라도록 했다. 그러면 이 식물들이 하수에 포함된 오염물질, 곧 유기물을 자연스럽게 분해한다. 놀랍게도 이렇게 처리된 하수의 수질은 마을을 관통하여 흐르는 개천의 수질과 비슷하거나 오히려 양호했다. 10년 정도가 흐른 지금은 화장실을 수세식으로 바꾸는 집도 생겨났지만, 인공습지 하수처리장은 여전히 운영하고 있다.

이런 인공습지 같은 하수처리의 새로운 대안이 실제로 구현된다면 사회 곳곳에서 위생 시스템 자체를 획기적으로 바꿀 수 있다. 기존 하수처리장의 중요 목적 중 하나가 분뇨 처리이므로, 이를 바꾸면 근본적 변화의 물꼬를 트는 것도 가능한 일이다. 이렇게 도시의 '물의 길'이 바뀌면, 이는 도시 전체의 변화로 이어질 수 있다. 외형과 시스템뿐만 아니라 도시 자체에 새로운 활력과 생동감을 불어넣을 수 있다. 이렇게 똥의 길을 바꿈으로써 물의 길을 바꾸는 촉매제가 될 수 있다는 점은 비비시스템에 내재된 또 하나의 가능성이다.

나무가 아닌 숲

현실적으로 비비시스템을 적용하기에 가장 알맞은 단위는 일정 규모 이상의 아파트 단지나 주택들이 모여 있는 주거지역이다. 큰 건물, 공공기관, 군부대 등도 시스템 적용에 맞춤하다고 할 수 있다. 대도시 전체를 한 단위의 비비시스템으로 엮기는 어렵다. 만약 비비시스템이 널리 확산된다면 그 형태는 일정 지역 단위로 분산된 모습을 띠게 될 것이다.

　이런 형태에서는 배설물을 멀리 떨어진 다른 곳으로 보내서 처리하는 게 아니라 자기 지역 내부에서 처리하게 된다. 이는 달리 말하면 자기 스스로, 또는 자기 지역 스스로 배설물 처리의 '책임'을 지는 것이라고 할 수 있다. 외부에, 혹은 중앙의 거대한 시스템에 맡기지 않고, 각자가 자신의 몫을 책임지는 것이다. 이는 해당 지역의 공동체성을 확인하고 고양하는 데 도움이 된다. '자기 책임성'은 하나의 공동체가 만들어지고 굴러가는 데 본질적 요소 가운데 하나다. 뿐만 아니라 비비시스템이 만들어내는 가치나 효과도 일차적으로는 지역과 지역 주민들에게 돌아간다. 이는 당연히 공동체성 강화에 매우 큰 도움이 된다. 궁극적으로 보면 더 넓은 세상과 자연도 이로 인한 혜택을 보겠지만 말이다.

　비비시스템이 지역의 에너지 자립도를 높이는 데 이바지한다는 점도 공동체성 강화에 도움이 된다. 지역에서 소비하는 에너지를 지역 주민들이 스스로 만들어낸다는 것은 에너지의 생산-분배-소비 등을 둘러싼 의사결정에서 주민들의 자율성과 선택권이 높아진다는 것을 뜻한다. 이른바 '에너지 주권'의 실현 가능성이 높아지는 것이다. 이 또한 민주적 공동체를 이루는 데 도움이 된다.

　수세식 화장실과 하수처리장을 뼈대로 하는 기존 시스템은 오염과 낭비뿐만 아니라 공동체성이라는 측면에서도 비판적으로 볼 여지가 크다. 기존 시스템은 기본적으로 배설물을 '바깥'으로 내다버리는 시스템이다. 하지만 멀리 떨어진 곳에서 발생한 배설물을 자기

우리 사회에는 하수처리장을 비롯한 쓰레기 처리 시설을 둘러싼 갈등이 많다. 다른 지역에서 배출한 오염물질을 자기 집 앞에서 처리하는 걸 반기는 사람은 없기 때문이다. 비비시스템은 쓰레기를 밖에다 버리는 방식에서 스스로 처리하는 방식으로의 전환을 가져올 혁명적 계기가 될 수 있다.

지역에서 처리하는 것을 좋아할 사람은 없다. 발생 지역과 처리 지역 간의 거리가 멀어지면 인프라 건설비용, 주민들의 혐오시설 기피 여론, 지방자치단체들 사이의 이해관계 충돌 등 여러 측면에서 문제가 발생할 소지가 커진다. 결국 기존 시스템은 먼 바깥으로 오물을 버려야 하는 필요성과 그러기 힘든 현실 사이에서 딜레마에 빠질 수밖에 없다. 게다가 대도시처럼 인구가 밀집한 곳일수록 처리해야 할 배설물의 양이 많아지므로 이 딜레마는 더욱 심각해진다. 갈등과 분쟁이 일상화될 수 있다. 결과적으로 사회 전반의 공동체성을 훼손할 가능성이 높아진다.

　　비비시스템은 내가 사는 곳에서 내가 배출한 것을 처리하므로 이런 딜레마에서 자유롭다. 때문에 비비시스템은 이 시스템이 포괄하는 특정 지역에서만이 아니라 사회 전체적으로도 공동체성을 강화하는 데 기여할 수 있다.

이처럼 비비시스템은 다양한 측면과 맥락에서 공동체와 깊은 관계를 맺고 있다. 그래서 더욱 강조할 것은 시민들의 자율적인 참여와 변화 의지다. 앞서 공공사업이나 제도적 지원책 이야기도 거론했지만, 이 또한 사람들의 능동적인 뜻과 움직임이 밑받침되지 않는다면 그 실효성은 떨어질 공산이 크다. 제도나 구조가 중요하다는 것은 당연한 얘기지만, 일이나 변화의 '중심'은 결국 사람일 수밖에 없고 또 사람이어야 하기 때문이다.

똥도, 비비변기도, 비비시스템 전체도 단독으로는 존재할 수 없다. 이 모두 한 그루 나무가 아닌 숲을 이뤄야 한다. 그렇게 돼야 효능이나 가치를 보다 올바르고 값지게 발휘할 수 있는 것이 비비시스템이다. 그러니 이렇게 말할 수도 있겠다. 비비시스템이 작동하는 원리와 이것이 빚어내는 가치 또한 모두 공동체와 결합돼 있다고.

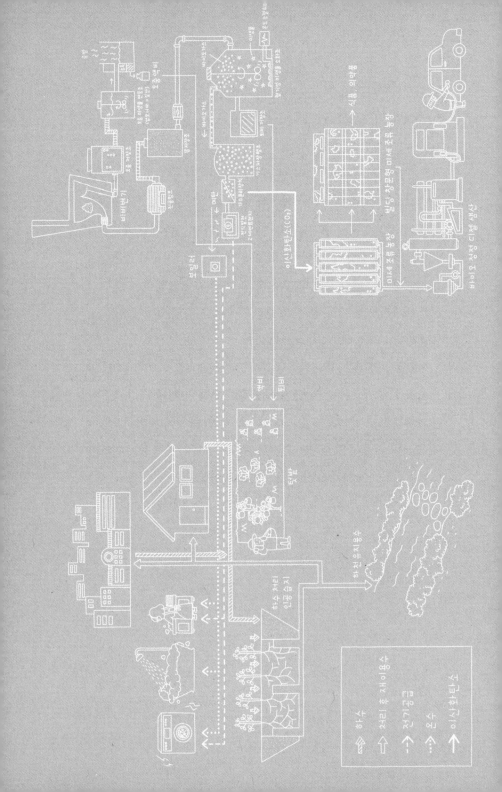

6장

똥, 생산과 창조의 원천이 되다

도랑도 치고 가재도 잡고

뭔가를 온전히 알려면 '조감도'와 '세밀화'가 동시에 필요하다. 즉, 전체를 한눈에 내려다보는 것과 세부를 구체적으로 들여다보는 것이 균형 있게 종합돼야 한다. 이에 비비시스템의 전모를 폭넓은 맥락에서 조망할 수 있는 내용과 비비시스템의 '속살'을 좀 더 세밀하게 이해할 수 있는 내용을 그 특성과 장점 중심으로 정리해보고자 한다. 하나씩 살펴보자.

첫째, 비비시스템은 사람 배설물에 담긴 다양한 가치를 극대화한다. 비비시스템이 똥오줌을 재활용하여 만들어낼 수 있는 것이 아주 다채롭고 그 각각이 어떻게 쓰이는지는 앞에서 상세히 살펴보았으므로 재론할 필요가 없을 것이다. 똥에서 뽑아낼 수 있는 것은 하나도 빠뜨리지 않고 모두 뽑아내 가치 있는 것으로 재탄생시키는 것이

[비비시스템 전개도]

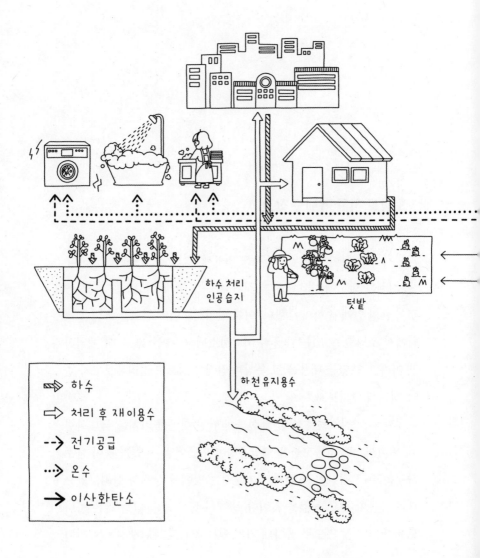

하수 처리
인공 습지

텃밭

하천 유지용수

하수

처리 후 재이용수

전기공급

온수

이산화탄소

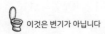

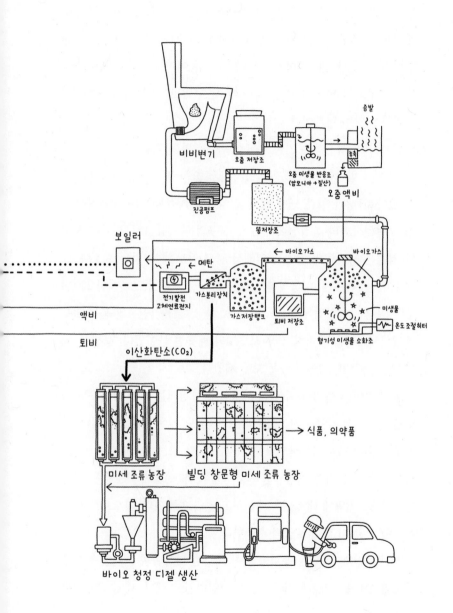

증발

비비변기

오줌 저장조

오줌 미생물 반응조
(암모니아 + 질산)

오줌 액비

농축

진공펌프

똥저장조

보일러

← 바이오 가스

바이오가스

메탄

전기 발전
고체연료전지

가스분리장치

가스저장탱크

퇴비 저장조

미생물

온도 조절히터

혐기성 미생물 소화조

액비

퇴비

이산화탄소(CO_2)

미세 조류 농장

빌딩 창문형 미세 조류 농장

식품, 의약품

바이오 청정 디젤 생산

비비시스템이다. 이로써 비비시스템은 수많은 물질 재활용 사례 중에서도 보기 드물 정도로 뛰어난 효율성과 생산성을 확보하고 있는 셈이다. 비비시스템이 환경·경제·사회 등 여러 차원을 아우르면서 복합적 효과를 낳을 수 있는 것도 이 시스템으로 만들어지는 가치가 그만큼 다양한 덕분이다.

둘째, 비비시스템은 기존 수세식 화장실의 장점을 그대로 가져간다. 수세식 화장실이 문제점도 있지만, 중요한 장점들도 적잖게 갖추고 있다. 위생과 청결, 냄새 제거, 편리함과 쾌적함 등이 대표적이다. 이는 현대사회의 화장실에 반드시 요구되는 것들로서, 특히 위생이나 청결은 사람들의 건강을 위해서 결코 양보할 수 없는 요소다. 실제로 지난 2007년『영국의학저널』이 독자들을 대상으로 지난 200년 동안 일어난 의학적 발견 중 가장 중요한 것이 무엇인지를 묻는 설문조사에서 1위를 차지한 것은 하수도와 깨끗한 물이었다. 항생제·페니실린·마취제·피임약 등을 모두 제쳤다.

잊지 말아야 할 것은 수세식 화장실로 상징되는 이런 상하수도 시스템이 제대로 갖추어지지 않은 곳이 아직도 매우 많다는 점이다. 세계보건기구(WHO)는 전세계 인구의 30%가 넘는 사람들이 실내 화장실 같은 기본적인 위생시설을 갖추지 못하고 있고, 약 9억 명 정도는 아직도 길 위에 대소변을 배설하고 있다고 밝혔다. 앞으로도 깨끗한 화장실은 더 많이 보급되어야 한다.

지난 2010년 유엔은 총회를 열어 깨끗한 화장실과 안전한 식수를 사용할 권리를 인간의 기본권으로 선언하기도 했다. 세계 곳곳에서 수많은 사람이 오염된 물과 열악한 화장실 탓에 질병에 걸리거나 사망한다는 것은 널리 알려진 사실이다. 그래서일 것이다. 미국의 저널리스트이자 논픽션 작가인 로즈 조지는『똥에 대해 이야기해봅시다, 진지하게』(카라칼, 2019)라는 책에서 이렇게 강조했다. "누구한테는 화장실이 당연한 권리지만 또 다른 누구한테는 화장실이 '특권'이다."

이 점에서도 비비화장실은 주목할 만하다. 기존의 대규모 상하수도 시설을 설치하는 식이 아니고도, 소규모로 위생적이면서 효율적으로 분뇨 처리를 할 수 있기 때문이다.

변화를 받아들이기 쉽다

셋째, 일반인들 입장에서 볼 때 비비시스템으로의 전환을 받아들이기가 용이하다. 일차적으로 이는 비비화장실 자체가 기존의 수세식 화장실이 지닌 장점을 잃어버리지 않은 덕분이다. 시스템 전체로 넓혀도 마찬가지다. 비비시스템은 사람들에게 어떤 희생이나 불편 같은 걸 특별히 요구하지 않는다. 환경을 위해 육식을 줄여야 한다거나 쓰레기 배출을 줄여야 한다는 식의 개인적 노력이 필요하지 않다. 그냥 선택하면 된다.(비비시스템의 설치와 운용에 드는 비용 문제는 별도로 한다.)

이 점은 매우 중요하다. 어떤 변화가 받아들여지려면 우선 사람들이 그게 편해야 한다. 뭔가 불편하고 힘든 게 많으면 그 변화는 이루어내기 쉽지 않다. 설령 변화가 어찌어찌 시작된다 하더라도 오래 지속되기는 힘들다. 변화에 동참하는 사람 또한 소수에 그치기 쉽다. 이런 측면에서 볼 때 누구든 마음만 먹으면 손쉽게 참여할 수 있다는 것은 비비시스템의 중요한 장점이라고 할 수 있다.

이와 관련해 비비시스템이 아파트 단지를 비롯해 대도시의 인구 밀집 지역 같은 곳에 잘 어울린다는 점도 중요하다. 그래서 비비시스템은 도시 인구가 많고, 인구밀도가 높으며, 아파트 거주자가 많은 우리 현실에 특히 잘 들어맞는다. 아무리 취지가 좋은 생태화장실이라 하더라도 인구 1000만의 대도시에서 매일 쏟아져 나오는 엄청난 양의 배설물을 처리할 수 없다면 '그림의 떡'에 지나지 않는다. 그런 화장실은 개인 차원 정도에서나 기능할 수 있다. 그렇지만 사람이 많아서 똥오줌 발생량이 많으면 그만큼 에너지든 퇴비든 더 많이 생산할 수 있고, 사람들이 밀집해 있으면 효율이 더 높아지는 것이 비비시스템이다. 게다가 대개의 아파트 지하공간은 상당히 크다. 에너지 생산에 필요한 비비시스템 시설이 들어서기에 맞춤하다. 아파트는 고층 수직 구조여서 각 가정에서 나오는 똥오줌을 진공흡입관으로 운반하기에도 더없이 효율적이다.

그럼, 예컨대 아파트에서 기존의 하수관 시스템을 그대로 둔 채 비비시스템을 설치할 수 있을까? 기술적으로 불가능하지는 않다. 파이프라인만 바꾸면 되기 때문이다. 가정 안의 화장실을 '이원화'할 수도 있다. 화장실이 두 군데 있다고 가정할 때 만약 식구들 중에 비비

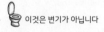 이것은 변기가 아닙니다

변기를 내켜하지 않는 사람이 있다면 하나는 기존 수세식 변기를, 다른 하나는 비비변기를 사용할 수도 있는 것이다. 수세식 변기는 기존 하수관과 연결하면 되고, 비비변기는 진공흡입관으로 에너지 생산 시설과 연결하면 된다.

물론 문제가 없는 건 아니다. 이미 설치돼 있는 하수관은 진공흡입 방식이 적용된 것이 아니기 때문이다. 그래서 기존 하수관을 비비시스템에 결합시켜 활용하려면 어쩔 수 없이 기존 하수관을 진공흡입관으로 바꿔야 한다. 그러자면 바닥과 벽을 뜯어내 관을 교체하는 공사가 불가피하고, 여기에는 비용이 든다. 이 점은 감안해야 한다. 처음부터 비비시스템을 적용해 아파트를 짓는다면 보다 효율적인 운용이 가능할 것이다.

건물이 아주 높고 가구 수가 엄청나게 많을 경우 발생할 수 있는 문제는 없을까? 별 문제는 없다. 첨단 공학기술의 발달에 힘입어 비비시스템에 필요한 시설들을 아주 '콤팩트하게' 설계해서 설치할 수 있기 때문이다. 또 한 가지, 아파트는 대체로 이미 주민들의 공동관리 체계를 갖추고 있다. 덕분에 새로운 시스템이 들어와도 한결 손쉽게 적응하고 운용해나갈 수 있다. 비비시스템이 지닌 이런 여러 측면에서의 '융통성'은 변화에 대한 사람들의 수용성을 높이는 데 여러모로 유리하다.

이와 반대로, 주택들이 띄엄띄엄 떨어져 있는 곳이라면 또 어떨까? 앞에서 비비변기에서 배출된 똥을 미생물 소화조로 운반하는 진공흡입관의 성능은, 수직이거나 기울기가 있을 때에는 거리가 별 문제가 되지 않지만 수평의 경우는 20m 정도 이내까지가 운반 효율이 가장 높다고 했다. 실험 결과에 따르면 40~50m 정도 거리까지는 수평이라도 배설된 똥의 운반에 큰 지장이 없다. 물론 이 거리를 넘어서면 좀 곤란한 점은 있다. 운반 자체는 가능하더라도 관 내부에 똥찌꺼기 등이 묻을 가능성이 높아지기 때문이다. 그래서 집들이 서로 떨어져 있는 경우에는 그 거리와 집들의 분포 구조 등에 따라 설치 여부를 세심하게 판단할 필요가 있다. 물론 진공흡입 펌프의 성능을 더욱 높이는 기술적 해결책을 강구할 수도 있다.

진공흡입관을 사용할 수 없다고 해도 방법이 전혀 없는 건 아니다. 다른 방식으로도 비비변기를 활용할 수 있어서다. 진공흡입관이 없는 비비변기의 경우, 변기 밑에 대변 건조기와 분쇄기를 설치하면 된다. 똥이 배출되면 먼저 건조기가 똥을 말리고 그다음엔 분쇄기가 이것을 가루로 만든다. 이것을 마을 공동의 미생물 소화조에다 투입하면 된다. 그래서 이렇게 되면 아무래도 '대변 가루'를 뭔가에 담아서 미생물 소화조로 직접 들고 가야 하는 불편함이 따른다.

이 방식을 사용할 때의 상황을 그려보면 이렇다. 사람들이 오가기에 편리한 마을의 적당한 곳에 미생물 소화조를 비롯한 에너지 생산시설을 설치한다. 각 가정에서는 음식물 쓰레기를 봉투에 담아 버리듯이 비비변기에서 나온 대변 가루를 모아서 여기로 가져온다. 만약 규모가 커진다면 주민들끼리 의논해서 별도의 대변 가루 수거 시스템을 운용할 수도 있다. 에너지 생산시설에서 음식물 쓰레기도 같이 활용할 수 있으므로 대변 가루와 음식물 쓰레기를 함께 처리하면 더

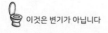

편리하고 효율적이다. 이런 시스템은 불편하고 번거로운 것이 사실이다. 그렇긴 하지만 비비시스템을 서로 다른 조건에 맞게 다양한 방식으로 적용할 수 있다는 점에서 나름의 의미를 찾을 수도 있다.

궁극적 재활용으로서의 비비시스템

넷째, 비비시스템은 재활용의 한계를 넘어선 궁극적 재활용 방식이다. 재활용의 한계? 이게 무슨 말일까? 재활용이 친환경적인 쓰레기 처리 방식이라는 건 다 아는 사실이다. 매립이나 소각에 비하면 훨씬 낫다. 하지만 이런 물음도 한번쯤은 던져볼 필요가 있다. 재활용이라고 해서 무조건 좋기만 한 걸까?

재활용은 두 가지 얼굴을 동시에 지니고 있다. 재활용이 그냥 버려지는 쓰레기를 줄여주는 것은 분명하지만, 생산과 소비 자체를 줄이지는 못한다. 우리가 재활용으로 환경적 책임을 다하고 있다고 생각해서는 안 되는 이유다. 게다가 애써 분리 배출을 했지만 재활용할 수 없는 것들이 많고, 재활용을 위해 물자가 낭비될 때도 많으며, 본래 취지와는 달리 낮고 거친 수준으로 재활용될 때가 적지 않다는 것도 짚어볼 점이다. 재활용으로 뭔가를 새로 만드는 데 들어가는 자원과 에너지도 만만치 않다. 세척을 비롯해 여러 공정을 거치면서 이런저런 환경오염을 일으키기도 한다.

당연하게도 쓰레기 문제의 해결책에서 중요한 것은 애초부터 쓰레기의 발생 자체를 줄이는 일이다. 이것이 이미 발생한 쓰레기를 사후에 처리하느라 갖은 애를 다 쓰는 것보다 훨씬 더 중요하다. 가장 좋은 쓰레기는 '존재하지 않는 쓰레기'다. 쓰레기 처리의 대표적인 세 가지 방식인 3R, 곧 절감(reduce), 재사용(reuse), 재활용(recycle) 중 으뜸 가는 원칙은 절감이라는 걸 잊어서는 안 된다.

하지만 비비시스템이 대상으로 삼고 있는 똥은 다르다. 똥은 우리 모두가 살아 있는 한 배출될 수밖에 없다. 똥의 생산이나 소비를 줄일 수 있는가? 애당초 똥은 재활용만이 해결책이다. 그래서 비비시스템은 사람 배설물에서 나올 수 있는 것을 하나도 버리지 않고 거의 전적으로 재활용한다. 그 재활용 과정에서 낭비나 오염물질 배출이 없으며, 소모하는 에너지나 자원도 미미하다. 재활용의 순기능은 십분 살리는 반면 역기능과는 관계가 없다는 것, 이것이 비비시스템이 지닌 독특하고도 압도적인 장점이다.

에너지 문제와의 관계는?

다섯째, 비비시스템은 에너지 위기를 해결하는 데 도움이 된다. 오늘날 인류가 맞닥뜨리고 있는 중대한 난제 가운데 하나인 에너지 위기의 핵심은 두 가지다. 에너지원 고갈과 기후변화가 그것이다. 석유·석탄·천연가스 같은 화석연료는 매장량에 한계가 있어서 언젠간 바닥날 수밖에 없고 빠른 속도로 줄어들고 있다는 것은 모두가 잘

아는 사실이다. 기후변화가 시시각각 재앙으로 다가오고 있으며, 인류가 화석연료를 무분별하게 사용하는 과정에서 배출한 대량의 온실가스가 이 기후위기의 원인이라는 것 또한 널리 알려진 사실이다.

본디 에너지는 자연의 선물이다. 화석연료를 봐도 그렇다. 알다시피 화석연료란 머나먼 옛날 지질시대에 동·식물이 죽어 지각 변동으로 땅속에 파묻힌 뒤 수백만 년에서 수억 년 동안 높은 열과 압력을 받으며 분해되는 과정에서 만들어진 연료다. 한마디로 화석연료는 오래전 죽은 동식물의 사체, 곧 유기물질에서 온 것이다.

식물은 태양에너지를 흡수함으로써 살아간다. 동물은 그런 식물을 먹거나(초식동물), 식물을 먹은 다른 동물을 먹음으로써(육식동물) 살아간다. 동·식물 모두 태양에너지의 산물인 것이다. 결국 화석연료란 아주 오래 전의 태양에너지가 축적되어 변형된 에너지라고 할 수 있다. 사람 또한 동·식물을 먹고 살아가므로 태양의 자식이긴 매한가지다.

이에서 보듯 에너지는 모든 생명체의 생존의 토대이자 삶의 원천이다. 생명체의 일원인 사람 또한 에너지를 쓰지 않고서 살아갈 방도가 없다. 그러므로 이런 상황에서 우리가 해야 할 일은 자명하다. 자원을 고갈시키지 않는 동시에 자연을 파괴하지 않는 방식으로 에너지를 생산하는 게 그것이다. 더군다나 요즘은 기후위기가 깊어지면서 화석연료가 아닌 재생에너지 중심으로 에너지 시스템을 바꿔야 한다는 목소리가 갈수록 높아지고 있다. 이른바 '에너지 전환'이다. 햇빛과 바람 등을 이용하는 재생에너지가 갈수록 각광을 받는 이유다. 비비시스템은 여기에 새로운 형태의 재생에너지를 더해준다.

사실 에너지 전환은 쉬운 일이 아니다. 현대문명을 석유문명이라 일컫듯이 사회경제 시스템과 사람들의 생활방식 모두 화석연료에 깊이 중독돼 있기 때문이다. 이와 관련해 흥미로운 에피소드 하나를 잠깐 살펴보자. 캐나다 출신 저널리스트인 앤드류 니키포룩이 쓴 『에너지 노예, 그 반란의 시작』(황소자리, 2013)에 나오는 얘기다.

2009년 영국에서 어느 가정을 대상으로 에너지 실험이 진행됐다. 4개의 방이 딸린 이 집의 가족들은 어느 일요일 아침, 자기들을 대상으로 실험이 진행된다는 사실을 모르는 채 평범한 일상을 시작한다. 이들은 우선 전등을 켜고 아침식사를 준비하려고 전기 오븐의 스위치를 올렸다. 그 순간 바로 옆집에서는 100명의 실험 참여 자원봉사자가 100개의 자전거 페달을 밟아 실험 가정이 필요로 하는 에너지를 생산하는 '인간 발전소'를 가동하기 시작한다. 오븐에서 열을 내는 데는 24명이 자전거 페달을 밟아야 했고, 고작 토스트 두 장을 굽는 데 11명이 필요했다. 그런 식으로 종일 페달을 밟다가 이윽고 해가 저물 무렵이 되자 차를 끓이는 데 필요한 에너지를 생산하던 자원봉사자들은 거의 체력이 바닥날 지경에 이르렀다.

이때서야 실험을 진행한 영국 공영방송 BBC 관계자들한테서 실험 사실과 내용을 전해들은 이 집 가족들은 너무 놀라서 입을 쩍 벌렸다. 평범한 휴일 하루를 보내는 데 쓰는 에너지가 얼마나 많은지, 그것을 사람의 힘으로 직접 생산하려면 얼마나 많은 힘이 드는지를 처음 알았기 때문이다. 페달을 밟던 자원봉사자 대부분은 임무를 끝내자마자 그대로 쓰러져버렸고, 그 가운데 몇 명은 며칠 동안 제대로 걷지도 못했다고 한다.

에너지를 만들어낸다는 것은 이토록 힘든 일이다. 탁월한 힘과 성능, 그리고 편리성을 갖춘 화석연료에 인류가 열광하며 빠져들 수밖에 없었던 이유를 이 에피소드는 일깨워준다. 비비시스템은 어떤가? 어차피 할 수밖에 없고, 해야만 하는 '똥 누기'로 족하다. 에너지 생산이 아주 손쉽게 이뤄진다. 또 태양력발전이나 풍력발전처럼 넓은 부지가 따로 필요한 것도 아니다. 비비시스템은 에너지 전환으로 가는 쉬운 길을 열어준다.

비비시스템이 에너지 자립과 에너지 문제에 대한 시민 참여를 촉진한다는 점도 중요하다. 내가 눈 똥으로 내가 쓰는 에너지를 생산하는 것이 비비시스템이므로 이 시스템은 근본적으로 에너지 자립과 잘 어울린다. 물론 똥으로 만들어낼 수 있는 에너지의 양은 한계가 명확하다. 때문에 비비시스템만으로 어떤 지역이나 마을의 에너지 자립을 이룰 순 없다. 다른 여러 가지 방법이 합쳐져야 한다. 중요한 것은 에너지 자립의 중요성을 깨닫고 이를 이루려는 노력에 동참하는 일이다. 비비시스템이 하고자 하고 또 할 수 있는 일의 하나다.

더군다나 비비시스템에서는 참여자 모두가 에너지 생산자가 된다. 시스템 자체가 아파트 단지나 마을 등과 같이 크지 않은 규모에 적합한 분산형이기도 하다. 만약 시스템 참여자 가운데 에너지 문제에 관심이 큰 사람이 있다면 비비화장실뿐만 아니라 베란다 같은 곳에 소형 태양광 발전기 등을 설치할 수도 있다. 개별 가정 차원을 넘어 비비시스템을 도입한 마을이나 아파트 단지 등의 단위에서 다양한 형태의 재생에너지 생산 시설을 추가로 갖출 수도 있다. 이렇게 되면 시민이 직접 생산하는 에너지는 더 늘어난다.

화석연료나 원자력 에너지를 중심으로 하는 기존 에너지 시스템의 주요 특성은 거대 규모, 고도의 중앙 집중, 정책이나 의사 결정의 소수 독점 등이다. 이런 시스템에서 대다수 시민은 수동적인 에너지 소비자나 이용자 신세에 머문다. 정해진 시스템에 따라 중앙에서 공급하는 에너지를 그냥 받아서 소비만 하도록 돼 있는 구조다. 이에 반해 비비시스템은 에너지 시스템의 다른 길을 일깨워준다. 사람들이 스스로 에너지의 직접 생산자가 되어봄으로써 보다 현명하고 윤리적인 에너지 소비에 눈 뜨게 되어 에너지 정책이나 시스템을 바꾸려고 애쓰게 될 수도 있다.

물론 비비시스템이 에너지 위기를 해결하고 에너지 전환을 이끄는 주역이 될 순 없다. 똥의 재활용에 초점을 맞추고 있거니와, 거기서 만들어내는 에너지는 사회 전체의 필요량 가운데 일부에 지나지 않기 때문이다. 이왕 말이 나온 김에 비비시스템이 만들어낼 수 있는 에너지가 구체적으로 얼마나 되는지 알아보고 넘어가자.

한 사람이 하루에 누는 똥을 평균 200g이라 할 때 이것으로 만들어낼 수 있는 20리터의 메탄가스는 열량으로는 240kcal다. 50℃의 뜨거운 물을 12리터 정도 만들 수 있으며, 자동차 연료로 사용한다면 전기버스는 200m, 전기승용차는 1.2km 정도를 운행할 수 있는 에너지다. 전기로 바꾸면 0.2kWh를 생산할 수 있다. 실험 결과에 따르면 똥 $1kg$은 $1kWh$ 정도의 전기를 만들어낼 수 있다. 따라서 만약 우리 나라 5000만 전체 인구의 똥을 모두 모아서 활용한다고 가정하면 하루에 1만톤의 똥으로 1만kWh의 전기를 생산할 수 있다. $1000kWh$ 가 $1MWh$이므로 1인당 하루 평균 똥 배출량 $200g$에 5000만을 곱해서 생산할 수 있는 전기의 양을 계산하면 이런 결과가 나온다. 이는 우리나라 하루 평균 전기생산량의 약 0.7%에 해당한다.

적어도 이론적으로는 좀 더 전향적으로 생각해볼 수도 있다. 비비시스템은 사람 똥뿐만 아니라 축산분뇨도 처리할 수 있다. 둘의 구성 성분이 그리 다르지 않기 때문이다. 2018년 환경부 자료에 따르면 우리나라의 가축분뇨 발생량은 하루 평균 18만 톤이다. 똥 $1kg$이 약 $1kWh$의 전기를 만들어낼 수 있으므로 가축분뇨로 생산할 수 있는 전기의 양은 하루 평균 18만MWh다. 여기에 사람의 똥으로 만들 수 있는 전기의 양을 합치면 19만MWh가 되고, 이는 우리나라 하루 평균 전기생산량의 13.8%에 해당한다. 만약 비비시스템을 통해 도시와 농촌을 연계하여 축산분뇨와 인분을 함께 활용해 바이오에너지를 생산하면, 보다 많은 전기를 생산할 수 있게 되고 덤으로 양질의 퇴비까지 얻을 수 있다.

이 이야기는 물론 우리나라에서 발생하는 모든 인분과 가축분뇨를 비비시스템으로 처리할 때를 가정한 것이다.(축산농가에서 축산분뇨를 액비로 생산하는 것은 이미 현실화되어 있다.) 하지만 이에 대한 평가가 어떠하든 간에 적어도 부인할 수 없는 것은 비비시스템이 널리 퍼질수록 우리 사회가 필요로 하는 에너지 전환에 일조할 수 있다는 점이다. 특히 비비시스템이 일상생활 속에서 에너지 문제의 중요성에 눈을 뜨고 그 해결을 위한 실천에 동참할 수 있는 기회를 사용자들에게 제공해준다는 점이 중요하다. 이런 일을 실제로 경험한 사람들이 늘어날수록 에너지 문제 해결의 가능성이 한층 높아질 것이기 때문이다.

과학기술과 사회의 만남

여섯째, 과학기술의 사회적 책임과 관련한 비비시스템의 '반전효과'다. 현대 과학기술이 종종 맞닥뜨리는 당혹스러운 역설이 있다. 플라스틱을 예로 들어보자. 플라스틱은 과학기술 발전의 산물로, 사람들의 일상생활에서 너무나 유용하게 쓰인다. 하지만 동시에 플라스틱은 쓰레기 문제의 주범으로 꼽힌다. 분해되지 않는 물질의 개발이라는 과학기술의 애초 목적을 훌륭하게 성취한 결과가 플라스틱 쓰레기 대란이라는 생태적 재앙으로 돌아온 것이다. 목적의 성취, 곧 '성공'이 '실패'로 귀결된 것이다. 과학기술이 어떤 문제를 해결하자 그것이 또 다른 문제를 일으키는 형국이다.

살충제도 마찬가지다. 사람을 괴롭히기도 하고 농사를 망치기도 하는 해충을 없앨 수 있는 살충제를 개발한 것은 과학기술의 빛나는 개가였다. 하지만 이것이 그 뒤 수많은 사람의 건강이나 자연 생태계에 심각한 해를 끼쳤다는 건 널리 알려진 사실이다. 현대 과학기술은 이제 과학기술이 안고 있는 이런 '이중성의 딜레마'를 성찰하고 해결할 수 있어야 한다.

이런 관점에서 볼 때 똥은 어떨까? 어찌 보면 똥이 버려야 할 더러운 쓰레기가 된 것은 과학기술 발전의 결과이기도 하다. 수세식 화장실이나 거대 하수처리장 시설 같은 기존의 똥 처리 시스템이 위생과 청결, 편리하고 쾌적한 배설물 처리 등과 같은 선물을 안겨준 대신 똥을 더욱 가까이 못할 더러운 무엇으로 만드는 데 큰 역할을 했기 때문이다. 과학기술의 '성공'은 오염과 낭비 같은 중대한 '실패'도 낳았다. 똥이 지닌 '두 얼굴'은 과학기술이 지닌 '두 얼굴'과 이렇게 겹쳐진다.

이 실패를 방치할 게 아니라 성공으로 반전시킬 순 없을까? 더 발전한 과학기술의 결과물인 비비시스템에 이르러 이것이 이루어진다. 똥은 여전히 더럽다. 하지만 비비시스템에서 똥은 쓰레기가 아니라 에너지원이자 자원이라는 새로운 가치 생성의 주역이 된다. 비비시스템은 과학기술 발전의 열매이지만 비비시스템에 구현된 과학기술은 기술만능주의와는 거리가 멀다. 과학기술의 사회적 책임을 비비시스템은 다하고 있는 것이다.

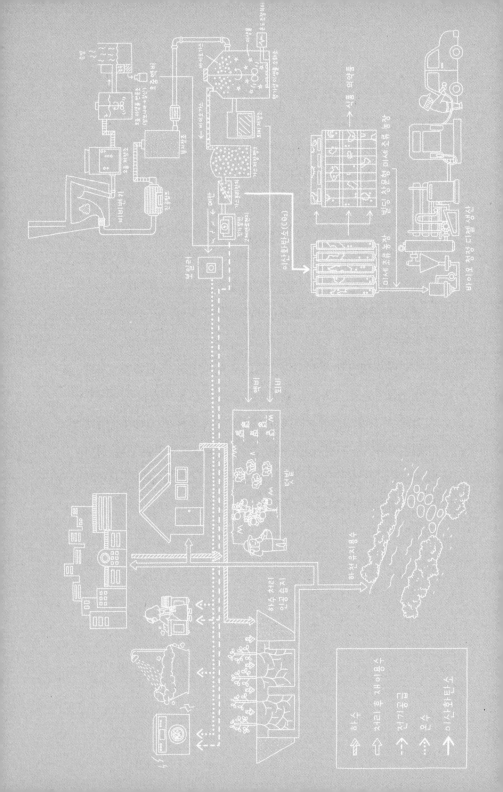

7장
변화의 길목에서

순환의 한마당

비비시스템은 똥의 재활용이라는 매우 단순한 현실적 목표를 가지고 있다. 그러나 이를 통해 나아가고자 하는 긴 안목의 지향점이 있음은 물론이다. 이는 두 가지 키워드로 설명할 수 있다. 순환과 인간 존엄성의 가치가 그것이다.

먼저 순환 이야기. 비비시스템은 순환의 가치를 총체적으로 실현하고자 하고 또 실현하고 있다. 일차적으로 다양한 환경적 효과, 즉 수질오염의 사전 예방이 가능하며 물 낭비를 줄일 수 있다. 특히 비비시스템에서는 똥이 발생하는 바로 그 장소에서 즉각 재활용의 여정이 시작된다는 점이 중요하다. 전통적으로 환경오염 처리는 오염물질이 배출된 뒤 사후 처리하는 방식이다. 물을 엎지르고 난 뒤 다시 주워 담는 방법이므로 비용과 자원이 많이 들고 환경 개선 효과도 낮다.

　그러나 오염원의 발생지 처리 등과 같은 사전 예방 방식은 오염 발생 자체를 가능한 한 막아서 환경 개선 효과가 크다. 그래서 공장에서도 폐수와 매연 발생을 가능한 한 줄이고 정화한 뒤 내보내는 것이다. 비비시스템은 그보다 더 효과적이다. 오염이 시작되지도 않기 때문이다. 이것이 순환의 가치를 실현하는 데 도움이 된다는 건 두말할 필요도 없다. 비비시스템은 여기서 한 발 더 나아간다. 물질 순환의 전면적 구현이다. 똥은 먼저 에너지를 생산하고 그 뒤 남은 것은 흙으로 돌아가 퇴비를 만들어낸다. 사람은 그 에너지를 사용하고 그 흙에서 난 음식을 먹으면서 살아간다. 그러다 다시 똥을 누면 이 과정이 되풀이된다. 이는 자연 생태계에서 펼쳐지는 물질 순환의 흐름과 다르지 않다.

　이것을 생생하게 보여주는 것이 연어와 숲의 관계다. 혹시 '연어가 숲을 키운다'는 말을 들어보셨는가? 이 이야기에 담긴 순환의 흐름은 비비시스템이 구현한 순환의 흐름과 구조가 유사하다.

　연어는 강과 바다를 오간다. 처음 태어나는 곳은 강 상류다. 새끼 연어는 그러나 강 상류에 머물지 않고 강을 따라 내려와 바다로 간다. 바다에서 몇 년을 지내며 어른 연어가 된다. 그런 뒤 다시 자신이 태어난 강을 찾아간다. 그러고선 온 힘을 다해 물살을 헤치며 강을 거슬러 올라간다. 이윽고 상류에 도착하면 암수가 만나 짝짓기를 한다. 연어는 그렇게 해서 알을 낳은 뒤 일생을 마친다.

　연어는 몸집이 큰 편이고 수도 많다. 연어의 몸은, 살과 뼈에 함유

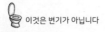

된 단백질과 칼슘은 물론 바다에서 실려 온 질소나 인 같은 영양물질을 잔뜩 품고 있다. 그래서 사람은 물론 다른 동물들한테도 중요한 '식량' 구실을 한다. 연어가 거슬러 올라가는 강에는 특히 곰들이 많이 몰려든다. 곰은 연어를 실컷 잡아먹는다. 곰이 먹다 남긴 연어는 다른 동물이 먹는다. 곰에 먹히지 않은 채 일생을 마친 연어의 사체는 새와 다른 물고기, 새우 등의 먹이가 되고, 썩으면 균류와 미생물을 위한 양분이 된다. 연어를 먹은 곰은 강 주변 숲에 배설물을 잔뜩 내놓는다. 이 배설물은 오롯이 숲의 토양을 기름지게 만들어준다. 좋은 흙을 듬뿍 품은 숲에서 식물들은 무럭무럭 자란다. 그 숲속의 강물에서 새로운 연어가 태어나고 다시 바다로 나갔다가 돌아온다. 이렇게 강과 바다와 숲을 무대로 생명체들이 살아가는 이런 과정은 순환의 흐름 속에서 끝없이 되풀이된다.

이 이야기를 곰곰이 들여다보자. 비비시스템의 작동 방식과 비슷하지 않은가? 연어가 똥의 구실을 한다면 곰은 비비화장실의 역할을 한다고 할 수 있다. 미생물 소화조의 배역을 맡는 것은 숲의 토양이다. 연어가 곰의 몸을 거쳐 배설물로 나오면 흙이 이것을 변화시켜 땅을 비옥하게 만듦으로써 숲을 키우듯이, 비비시스템에서는 똥이 비비화장실을 거쳐 미생물 소화조로 가면 여기서 에너지 등을 생산함으로써 세상을 이롭게 한다. 이에서 보듯 비비시스템은 작동하는 원리와 방식 자체가 자연에서 이루어지는 순환의 흐름을 닮았다.

나아가 비비시스템이 추구하는 순환의 범위는 자연에만 국한되지 않는다. 똥이 재활용을 거쳐 에너지 등으로 변신하는 것은 '자원

순환'이다. 이런 순환의 논리를 경제 차원에서 구현하면 '순환 경제'
가 된다. 따지고 보면 공동체라는 것도 순환의 논리를 떠나서는 생각
하기 어렵다. 어떤 공간에서 사람의 순환, 삶과 생활의 순환, 관계의
순환, 경제의 순환 등이 이루어지는 것이 공동체 형성이나 공동체적
활동의 토대가 되기 때문이다. 이렇게 보면 비비시스템의 여러 환경
적·경제적·사회적 효과들은 결국 순환의 가치로 수렴되고 통합된
다고 할 수 있다.

　이처럼 순환은 자연과 인간 세상을 두루 포괄하면서 이루어질 때
온전한 제 빛을 발할 수 있다. 진정한 순환은 인간과 자연의 이분법
을 넘어선다. 이런 이분법은 자연·생태·환경 등의 가치를 관념적이
고 기계적으로 강조할 때 나타나는 병폐다. 빌딩과 자동차 등으로 가
득 찬 인공의 도시와 반대되는 것이 꼭 울창한 숲이나 맑은 강이어야
만 할까? 숲과 강이 내 생활 속으로, 도시의 시스템과 구조 속으로 흘
러 들어와야 하지 않을까?

　이런 가능성을 타진하고 실험하는 것이 비비시스템이다. 앞에서
그려본 도시에 대한 새로운 상상이 전해주듯이, 비비시스템은 일상
의 생활과 관계 속에 자연과 순환의 가치가 녹아드는 것을 추구한다.
내 몸에서부터 순환이 시작되고, 그것이 공동체와 연결된다. 이 점에
서 비비시스템으로 자연스럽게 엮어질 공동체는 더욱 넓고 깊은 의
미를 갖게 될 수 있다. 단순히 사람들 사이의 공동체를 넘어 인간과
자연 사이의 공동체로까지 나아간다고 볼 수 있기 때문이다. 똥의 공
동체. 변기의 공동체. 사람들의 공동체. 사람과 자연의 공동체. 비비

시스템은 이 모두를 포괄한다. 이것이 비비시스템이 만들어내는 순환의 한마당이다.

삶의 존엄을 찾아서

다음으로, 비비시스템은 인간 본연의 가치를 되살리고 삶의 존엄을 높인다. 즉 비비시스템에는 삶이 살아 있다. 이렇게 얘기할 수 있는 이유는 뭘까?

먼저 비비시스템이 결과 못지않게 과정 또한 중시한다는 점에서 그렇다. 수세식 화장실, 하수관로, 하수처리장으로 이어지는 기존 시스템은 과정이 아닌 결과 중심의 시스템이라고 할 수 있다. 똥과 오줌이 발생했는데도 마치 이것이 존재하지 않는 듯 깔끔한 결과만을 얻고자 하는 것이 이 시스템의 특성이다. 똥과 오줌을 최대한 신속히 눈에 보이지 않도록 처리해서 부피와 질량을 줄이고 냄새를 없애는 것이 이 시스템의 가장 중요한 목적이다.

현재의 이런 시스템은 가고자 하는 장소에 빨리 도착하는 것이 목적인 고속도로와 비슷하다. 고속도로에서 볼 수 있는 것은 자동차의 질주뿐이다. 고속도로의 기본 형태가 직선인 까닭이다. 이처럼 앞으로 내달리는 직선에서는 삶을 다채롭게 수놓는 사연이나 인연이 생겨나기 어렵다. 설사 생겨나더라도 제대로 자라나기 힘들다. 과정보다 결과를 앞세울 때 나타나는 현상이다. 현재의 시스템은 이런 직선의 시스템이다. 여기서 똥은 수세식 변기에서 하수처리장으로 곧장 직진한 뒤 그냥 버려지고 만다. 과정이 무시되는 이런 시스템에서는 삶이 끼어들 자리가 없다.

반면 비비시스템은 마을의 골목길이라 할 수 있다. 골목길에는 사람들의 생활이 녹아 있다. 오랜 세월에 걸쳐 여러 사람의 삶의 과정이 축적되고 교차하면서 만들어지는 것이 골목길이다. 그래서 골목길은 구불구불한 곡선을 이룬다. 비비시스템이 구현하는 순환과 재생 또한 일회적인 결과로 얻어지는 게 아니라 끝없이 연속되는 과정에서 이루어진다. 돌고 도는 그 과정의 마디마디에서 에너지도 만들어지고 퇴비도 만들어진다. 그래서 비비시스템은 본질적으로 곡선의 시스템이다. 순환의 연결고리 자체가 둥근 원으로 이루어져 있다. 여기선 삶이 존재하고 생동한다. 작금의 시스템은 똥의 악취를 제거하느라 전전긍긍하지만, 비비시스템에는 삶의 냄새가 감돈다.

인간이란 어떤 존재일까? 전통적으로는 대개 노동하는 인간, 생각하는 인간 등으로 규정돼왔다. 하지만 그에 앞서 인간이란 일차적으로 '먹고 싸는' 존재다. 똥은 '살아 있음' 자체로부터 나온다. 노동의 산물도, 사유의 결과물도 아니다. 살아서 존재하는 한 누구나 몸에서 내보내는 게 똥이다. 생존의 증거이다. 이러한 똥에는 인간과 생명 본연의 가치가 담겨 있다. 비비시스템이 특별히 주목한 것도 바로 이 가치다. 똥에 대한 관점의 전환을 몸과 삶에 대한 관점의 전환과 결합해내기 때문이다. 『똥이 자원이다』(통나무, 1997)를 쓴 전경수 인류학과 교수는 책에서 이렇게 말했다. "똥을 쓰레기로 보는 관점은 우리 몸을 쓰레기를 만들어내는 소비체로 보는 것이고, 똥을 자원으로 보는 관점은 우리 몸을 자원을 만들어내는 생산체로 생각하는 것이다."

똑같은 몸임에도 똥을 바라보는 관점에 따라 그 몸의 정체성과 의미는 이렇게 바뀐다. 살아 있는 한 똥은 계속 누어야 하므로 내 몸이 생산체라면 나는 죽는 날까지 생산자로서 살 수 있다. 늙고 병들고 쇠약해지더라도 어엿한 생산의 주역일 수 있다. 먹는 것은 밥이요 싸는 것은 똥일진대, 에너지와 물질의 흐름으로 생명이 살아 있음을 보여주는 양대 축인 이 밥과 똥 사이의 순환적 이음대로서 인간 존엄의 가치를 실현하고자 하는 것이 비비시스템이다. 이 순환과 인간 삶의 연결고리 속에서 똥은 탈바꿈에 성공한다. 이것이 비비시스템에서 일어나는 일이다.

빌 게이츠의 '화장실 혁명'

똥의 가치에 주목하고, 새로운 형태의 화장실을 시도한 것은 비비시스템만이 아니다. 똥은 인간이라면 누구나 배출하는 것이기에 과거부터 많은 사람들이 그 처리 방식을 고민해왔고, 지금도 하고 있다. 특히 환경문제가 중요해지면서 그 필요성이 더욱 부각되었다. 어떤 것들이 있었는지 살펴보도록 하자.

가장 유명하고 큰 주목을 끄는 건 마이크로소프트 창업자인 빌 게

이츠가 주도하는 일련의 화장실 혁명 프로그램이다.

빌 게이츠는 물이 부족하고 전기 공급이 되지 않거나 하수관이 없는 지역에서도 위생적으로 사용할 수 있는 화장실을 개발하는 데 거액을 투자한 것으로 유명하다. 이를테면 그는 2012년 '화장실 재발명' 프로젝트를 주제로 하는 행사를 열어 여기서 선정된 4개의 화장실 기술에 연구비 명목의 상금을 지급했다. 태양광에너지를 이용하여 똥오줌을 처리하고 수소와 전기를 만들어내는 화장실(미국 캘리포니아공과대학 연구팀), 똥오줌으로 숯·미네랄·물 등을 만들어낼 수 있는 화장실(영국 러브버러대학 연구팀) 등이 그것이다. 빌 게이츠는 똥을 처리해 만든 물을 마시는 모습까지 보여주면서 똥의 재활용에 적극적으로 나서고 있다.

빌 게이츠는 세계적으로 25억 명 이상의 사람들이 비위생적인 화장실에 노출돼 있고, 해마다 30만 명 정도의 어린이가 열악한 위생환경으로 목숨을 잃는다고 강조하기도 했다. 이런 문제의식에 따라 그가 주도해 설립한 빌앤드멜린다게이츠재단(Bill & Melinda Gates Foundation, 멜린다는 빌 게이츠의 아내)에서는 이 행사 이후에도 2억 달러가 넘는 연구기금을 마련하여 화장실 기술의 연구개발에 투자했다.

그 대표적 성과로 꼽히는 것이 '타이거 화장실'이다. 2015년 인도 전역 4000여 곳에 실제로 설치돼 운영된 것으로 유명하다. 이 화장실은 줄지렁이를 이용하여 똥을 처리함으로써 퇴비를 만들어내는 방식을 활용한다. 줄지렁이가 '타이거웜(Tiger Worm)'이라 불리기

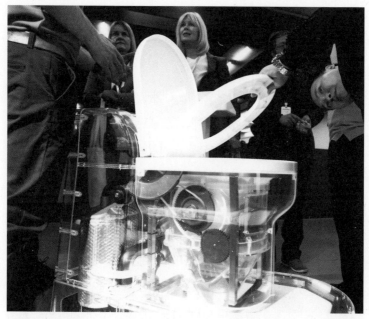

빌앤드멜린다게이츠재단에서는 위생적인 화장실을 전세계에 보급하기 위해 20여 개의 새로운 화장실을 발명했다. 이 나노 멤브레인 화장실도 그중 하나로, 베이징에서 열린 화장실엑스포에서 공개돼 화제를 모았다.

에 타이거 화장실이라는 이름이 붙었다. 이 화장실은 분뇨 정화조에 연결돼 있는데 이 정화조에는 수천 마리의 줄지렁이가 사는 흙이 들어 있다. 이 줄지렁이들이 정화조에 들어온 똥을 먹음으로써 오물 등을 분해하고 병원균도 없앤다고 한다. 이 과정을 거쳐 남은 것이 퇴비가 된다. 이 화장실은 똥을 정화조로 보낼 때 물 한 바가지만 쓰면 된다. 때문에 변기가 수도관과 연결될 필요가 없다. 어떤 곳에서는 화장실 아래에 지하층을 만들어 여기에 줄지렁이들을 모아서 가둔 뒤 같은 방식으로 똥을 처리하기도 한다. 게이츠재단은 이 화장실 덕분에 웅덩이를 파고 똥을 누던 기존 방식에 견주어 위생 상태를 크게 개선했다고 발표했다.

빌 게이츠가 개발한 화장실 가운데에는 '나노 멤브레인 화장실'이라는 것도 있다. 미국 시애틀에 있는 재단 전시장에 전시돼 있다고 한다. 이것은 변기 안에 똥오줌을 처리할 수 있는 모든 기술을 압축적으로 욱여넣어 변기 밖으로는 어떤 더러운 물질도 내보내지 않도록 만든 변기다. 각종 기능을 가동하는 데 필요한 전기는 태양광 발전으로 충당한다. 이렇게 만든 전기로 우선 똥과 오줌을 소독하여 병균을 없애고 그 뒤 똥을 소각하면 미네랄 성분을 확보할 수 있다. 또 오줌과 화장실에서 발생하는 액체를 나노 멤브레인을 이용하여 처리하면 깨끗한 물을 얻을 수 있다. 나노 멤브레인을 정기적으로 교체해야 하는 단점이 있지만 재활용도 가능하다고 한다. 상용화된 것은 아니지만, 이 화장실은 모든 가정이 자기 집에서 자체적으로 위생적인 분뇨 처리를 할 수 있도록 만들어졌다.

새로운 화장실을 향한 시도들

그렇다. 세계적으로 인분을 재활용하여 에너지나 퇴비를 만들려는 노력은 이미 존재한다. 아직까지는 현실에 널리 적용될 수 있는 대중화된 대안으로 떠오르진 않았지만, 변화의 조짐들은 보이고 있

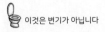

는 것이다.

예컨대 국제구호개발기구인 옥스팜(Oxfam)에서는 '지렁이 화장실'을 보급하고 있다. 게이츠재단의 타이거 화장실처럼 변기 아래에 지하층을 만들고 여기에 지렁이들을 넣는 방식이다. 지렁이가 똥을 먹고 소화시킨 뒤 내놓는 분비물은 양질의 유기농 퇴비가 된다. 방식은 단순하지만 이를 통해 병균 확산과 식수 오염을 막고 농사에는 도움이 되는 복합적인 효과를 발휘한다. 지렁이는 먹이를 많이 먹을수록 더 빠르게 번식하므로 처음에 한 번만 충분히 넣어주면 그 뒤로는 더 추가해 넣어줄 필요가 거의 없다고 한다.

이 화장실은 라이베리아와 시에라리온의 빈민가 등지에서 사용되고 있고, 에티오피아와 미얀마 등의 난민 캠프에도 도입되었다. 주로 보급된 장소에서도 엿볼 수 있듯이 옥스팜은 이 화장실이 특히 빈민촌이나 난민촌 같은 데서 유용하게 활용될 수 있다는 점을 강조한다. 적은 비용으로 빠르게 지을 수 있을 뿐만 아니라, 긴급구호가 절실히 필요한 이런 곳들에서 발생하기 쉬운 질병 감염과 확산을 방지하는 데 도움이 되기 때문이다.

네덜란드의 어느 산업디자이너는 루와트(LooWatt) 변기라는 걸 개발했다. 이 변기도 물을 사용하지 않고 똥을 재활용해 에너지를 만들어낸다. 색다른 것은 똥을 편리하게 자연 분해할 수 있다는 점이다. 이 변기 아랫부분에는 배출된 똥이 담기는 봉투 모양의 팩이 장착돼 있고, 이 팩을 모으는 수거함 성격의 저장부가 설치돼 있다. 볼일을 본 뒤 레버를 누르면 자동으로 팩이 밀봉되어 저장부로 가기 때

7장 변화의 길목에서

루와트 변기(왼쪽)의 모습과 캠핑장에 설치된 이동식 루와트 화장실(위). 루와트 변기는 물을 사용하지 않고 하나하나 팩에다 담아서 처리한다. 왼쪽 사진의 변기 내부를 보면 얇은 막이 쳐져 있는데, 이것이 밀봉되어 저장부에 보관된다.

문에 물을 사용할 필요가 없다. 변기의 똥 배출구와 저장부 사이가 완벽하게 차단돼 있어서 배설물을 일정 기간 보관해도 냄새가 나지 않는다. 여기서 사용되는 팩은 생분해성의 특수 재질로 제작되었기 때문에 그대로 자연 분해된다.

이 팩을 꺼내 미생물이 들어 있는 별도의 분해 장치, 곧 따로 마련된 미생물 소화조에 넣으면 미생물의 발효 작용으로 메탄가스를 생

영국 브리스톨에서 운행되고 있는 '똥 버스'. 비비시스템과 방식은 다르지만, 이 또한 똥의 재활용으로 환경을 지킨다는 철학은 동일하다.

산하게 된다. 이 과정에서 발생하는 발효열로 온수를 생산하고, 남은 잔여물은 퇴비를 만드는 데 쓰인다. 비비시스템과 비슷한 면이 있는 이 변기 시스템은 영국 런던에서 캠핑장과 야외 페스티벌 등에서 공공화장실로 사용됐고, 마다가스카르에서는 가정용 화장실과 마을 단위 소화조와 발전시설이 시범적으로 운영되고 있다. 특히 마다가스카르에서는 이 시스템으로 물을 끓이고 휴대전화 충전도 하는 등 일상생활에 보다 밀착된 용도로 쓰이고 있다고 한다.

영국에서는 '똥 버스(Poo-bus)'가 운영되기도 했다. 배설물과 하수, 음식물쓰레기로부터 바이오메탄가스를 생산해서 버스 운행에 사용한 것이다. 5명이 1년간 배출하는 배설물에서 나온 가스로 최대 $300km$까지 운행이 가능하다고 한다. 이산화탄소 배출도 줄어 한층 더 친환경적이다.

반려동물의 똥을 재활용하는 시도들도 있다. 반려동물을 키우는 사람들이 늘어나면서, 그 배설물 양도 엄청나게 늘었기 때문이다. 캐

7장 변화의 길목에서

나다 온타리오 주에서는 개들을 산책시키는 공원에 특수 용기를 설치하여 개똥을 수집한 후 메탄가스를 생산하고 부산물은 비료로 활용하는 프로젝트를 실시했다. 수집기 1개당 13가구가 사용할 수 있는 전기가 생산되었다고 한다. 영국에서는 공원에 개똥을 에너지원으로 하는 가로등이 설치되었는데, 개똥 10개면 2시간 정도를 밝힐 수 있다고 한다.

상업적으로 판매되는 변기 제품들도 다양하게 나와 있다. 아직 우리나라에서는 찾아볼 수 없지만, 세계적으로 살펴보면 여러 회사들이 똥의 재활용이라는 같은 목적을 공유하면서 저마다 조금씩 다른 변기 제품을 제작해 출시하고 있다. 대체로 겉모습은 수세식 변기와 별반 다르지 않지만 물을 적게 쓰거나 전혀 쓰지 않는 모델들이다. 변기 바로 아래 공간이나 화장실 아래의 지하공간에 퇴비화 장치를 설치하여 사용할 수 있도록 한 것이 많고, 하수 재이용 등과 연계된 것들도 있다. 퇴비화 설비의 규모나 형태는 다양하다. 이에 따라 시골 지역이나 한 가구에서 쓰기에 적당한 것도 있고, 공공주택이나 연립주택처럼 다수의 가구가 모여서 공동으로 운용하기에 적합한 것도 있다. 배설물의 진공 수거 장치를 갖춘 것들도 있다. 대개 이것들은 아주 적은 양의 물을 사용해 똥을 처리하고 수거하는 것이 핵심이어서 물을 많이 사용할 수 없는 선박이나 크루즈 유람선 등에서 종종 쓰인다.

이들 변기의 판매 가격은 싼 편은 아니다. 물 없이 사용할 수 있는 간단한 생태 변기가 약 100만 원 수준이며, 퇴비화 설비까지 갖춘 변기는 300만~1500만 원대에 이른다. 이런 높은 가격은 대량생산 이전의 비비변기와 마찬가지 이유에서일 것이다. 위생이나 편리성 등의 면에서 큰 문제는 없다고 평가된다. 종합적으로 살펴보면 모든 측면을 동시에 만족시켜주는 최상의 변기 제품은 아직 찾아보기 어렵다. 때문에 사용자는 목적과 용도, 여건과 상황에 따라 자신에게 맞는 변기를 잘 선택하는 게 좋다.

소개한 화장실들은 기본적으로 변기 아래나 화장실 지하에 별도의 공간이나 장치를 두고서 여기에 똥을 모아 처리하거나 활용하는 방식을 취하고 있다. 이와는 달리 용변을 본 뒤 똥을 수세식 화장실처럼 자동으로 처리해 운반하는 방식도 있다. 비비시스템에서 구현한 진공흡입 방식이 그것이다. 이는 똥을 별도로 수거하고 모아서 퇴비화를 해야 하는 여타 생태 화장실의 불편함을 해소한 것이라고 할 수 있다. 물론 이 방식은 진공펌프 같은 외부 장치를 갖춰야 하므로 이에 따른 설치 및 운영비용이 별도로 드는 단점은 있다.

국내에도 경기도 화성에서 이런 방식의 화장실을 고안해 주문 제작하는 사람이 있다. 관련 특허기술을 보유하고 있으며, 농가나 전원주택 등에서 활용할 수 있는 화장실을 직접 만들어 제공한다. 이 시스템은 화장실 내부에 설치하는 변기, 외부에 설치하는 똥저장조, 변기와 저장조를 연결하는 관, 진공 방식으로 똥을 변기로부터 빨아들이는 펌프로 구성돼 있다. 용변을 본 뒤 버튼을 누르면 펌프가 작동하고 진공흡입 방식으로 똥이 저장조로 운반된다. 이 저장조에 톱밥이나 나뭇잎 등을 가끔 추가로 넣어주면 퇴비가 만들어진다. 이 화장실에서 사용하는 진공펌프는 값비싼 진공 전용 펌프가 아니라 일반 펌프다. 그래서 전체 시스템을 갖추는 데 상대적으로 큰돈이 들지는 않는다. 전남 화순에 자체 공장을 운영하고 있다고 한다.

같음과 다름 사이에서

똥을 재활용하는 똑똑하고도 기특한 화장실을 만들려는 움직임은 이처럼 다양하게, 그리고 끊임없이 이어져오고 있다. 사실 비비시스템도 따지고 보면 이런 흐름의 연장선에 있다고 할 수 있다. 그렇다면 이들 화장실은 비비화장실과 어떤 공통점이 있을까? 차이점은 뭘까?

전체적으로 볼 때 물을 많이 사용하지 않고, 똥오줌을 기존 하수처리장으로 흘려보내지 않으며, 똥을 재활용해 에너지나 퇴비 등 가치 있는 뭔가를 만든다는 점 등은 공통점이라고 할 수 있다. 특히, 거대 하수처리장으로 상징되는 중앙집중식 위생관리 인프라에서 벗어나 분산형 위생시스템을 구현한 것도 비슷한 점이다. 하지만 이 화장실들과 비비화장실의 차이점이 분명히 존재한다. 가장 널리 알려진 게이츠재단의 화장실을 중심으로 살펴본다면 이는 크게 두 가지 측면에서 조명해볼 수 있다.

첫째, 게이츠재단의 대부분 화장실은 '외부'에서 똥오줌을 처리하는 물질이나 기술을 가져오는 방식을 사용한다. 가령 타이거 화장실에서 줄지렁이는 똥 외부에서 가져온 것이다. 나노 멤브레인 변기도 이 점에서는 동일하다. 이를테면, 똥과 오줌을 산화기술 등을 이용하여 소독하고 열을 이용하여 태워서 가루로 만듦으로써 유용한 물질을 확보한다. 또한 물리적 여과 방식인 나노 멤브레인 기술을 이용하여 오줌으로부터 물을 얻는다. 똥 바깥에서 화학기술과 물리기술 등을 최대한 끌어와 똥오줌을 처리하는 데 활용하는 것이다. 이에 비해 비비화장실은 외부의 기술이나 물질에 의존하지 않는다. 똥 속에 이미 풍부하게 존재하는 미생물을 이용하여 바이오에너지를 뽑아내고, 역시 똥 속에 존재하는 또 다른 미생물을 이용하여 퇴비를 만들어내는 것이 비비시스템이다. 물론 에너지를 생산하려면 이에 필요한 미생물 소화조를 별도로 갖춰야 한다. 하지만 근본적으로 비비시스템은 똥에서 자연적으로 일어나는 현상을 촉진하는 기술을 이용한다는 점에서 게이츠재단의 화장실들과는 다르다.

둘째, 게이츠재단의 대부분 화장실은 똥오줌을 집집마다 처리함으로써 각각의 가정 단위에서 위생관리에 마침표를 찍는 시스템이다. 이에 견주어 비비화장실이 지닌 중요한 성격은 공동체성이다. 도시 전체에서 나오는 똥오줌을 중앙집중식으로 처리하는 시스템에 반대한다는 점에서는 게이츠재단의 화장실들과 비비화장실이 유사해 보인다. 하지만 비비시스템을 적용하기에 가장 적합한 단위는 아파트 단지, 도시의 작은 구역, 공동체 마을 등과 같은 곳이다. 개별 가정들 사이에 가로놓인 벽을 뛰어넘는다. 거대 규모로 획일화된 중앙집중 방식과 낱낱으로 쪼개져서 개별화되는 방식을 동시에 반대하는 것이 비비시스템의 차별화된 특성이다. 이는 똥의 퇴비화를 지향하는 여타 화장실들 대부분과도 구별되는 비비시스템의 특성이다.

경기도 화성의 퇴비화 화장실도 진공 방식을 도입했다는 점에서는 비비시스템과 닮았지만, 실제 내용에서는 차이가 있다. 일단 이 화장실은 진공펌프의 힘이 약해서 화장실 변기 하나에 한 개의 펌프가 설치된다. 즉 이 화장실도 개별 가구 단위로 사용하는 방식이라는 얘기다. 미생물 소화조를 이용한 에너지 생산 여부도 큰 차이점이다. 비비시스템은 수세식 화장실을 전면적으로 대신하는 것을 목표로 한다. 이에 견주어 이 화장실은 농촌 가옥이나 전원주택 등에 저렴한 비용으로 간편하게 설치할 수 있도록 고안되었다. 시스템의 목표·규모·활용도 등이 비비시스템과는 다른 것이다.

사실 똥의 재활용과 관련해 가장 손쉽게 떠올릴 수 있는 것은 흔히 생태 뒷간 등으로 불리는 소박한 퇴비화 화장실이다. 배출된 똥을 별도로 모아서 톱밥, 왕겨, 재 등과 섞어서 퇴비를 만드는 방식이다. 원리는 간단하고, 실제로 이런 화장실을 만드는 것이 크게 어려운 일은 아니다. 하지만 이런 화장실이 제 기능을 충분히 발휘하려면 고려해야 할 요소가 적지 않은 것도 사실이다. 냄새 제거, 효율적 퇴비화를 위한 똥과 오줌의 분리, 퇴비장 마련, 톱밥 조달 등과 같은 여러 조건이 두루 충족돼야 한다. 무엇보다 농촌이 아닌 도시 지역에는 적용하기가 쉽지 않다. 다수의 인구가 도시에 거주하고 있는 현실에서 이는 큰 한계라고 할 수 있다. 또한 이런 화장실 역시 대개는 개별 가구 단위로 설치되기 마련이다.

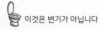

게이츠재단의 화장실을 비롯한 여러 화장실 시스템과 비비시스템이 어떻게 차별화되는지를 살펴보았다. 이는 서로간에 우열을 가리거나 다른 화장실 시스템을 폄하하려는 게 아니다. 사실, 기존 배설물 처리 시스템이 일으키는 오염과 낭비 등을 줄이고 버려지던 똥을 어떻게든 재활용해 새로운 가치를 만들어내려는 시도는 각각의 방식이나 형태가 어떠하든 그 자체로 소중하다. 그렇긴 해도 현실적 조건과 시대 상황 등이 요구하는 바에 어떤 시스템이 가장 잘 부합하는지를 검토해볼 필요는 있다. 이는 똥 재활용의 보다 적실한 현실 적용과 폭넓은 사회적 확산을 촉진하기 위해서도 짚어봐야 할 점이다.

이런 뜻에서 이제까지의 논의를 종합할 때, 우리에게 새롭게 요청되는 똥 재활용 기술과 시스템은 대체로 다음과 같은 요건을 갖춰야 한다고 정리할 수 있다.

첫째, 똥 재활용의 극대화와 다양화다. 똥에 담긴 다양한 가치와 잠재력을 빠짐없이 뽑아내 재활용의 효능과 수준을 최대한으로 높일수록 좋다. 똥이 일으키는 그 모든 문제는 원천적으로 똥을 그냥 버림으로써 일어나는 것이기에 이는 일차적인 요건이다. 똥 재활용의 산물이 한 가지에 그치는 게 아니라 그 종류나 용도가 다양해지면 시스템의 실용적 쓸모도 그만큼 커진다.

둘째, 그 재활용의 방식은 가능한 한 자연 그대로의 물질 순환 논리를 따를수록 좋다. 재활용 자체는 바람직하지만, 그 방식이나 과정이 순환의 논리와 멀어질수록 또 다른 에너지와 자원 소비, 폐기물이나 오염 발생 등을 일으킬 소지가 커지기 때문이다. 현대사회에서 똥을 둘러싼 문제가 심각해진 것은 기존의 똥 처리 방식이 근본적으로 순환에 역행하는 시스템이기 때문이라는 사실을 잊지 말아야 한다.

셋째, 산업화되고 도시화된 현대사회의 조건에 맞아야 한다. 특히 우리 사회는 도시화 비율이 높고 아파트 거주자가 많다. 그래서 좁은 지역에 인구가 밀집한 도시의 구조나 주거 특성, 인프라 조건 등에 걸맞은 시스템 도입의 필요성이 더 절실하다고 할 수 있다. 방금 소개한 화장실들 가운데 다수는 농촌 지역이나 이른바 저개발국 혹은 개발도상국 등에 어울리는 것들이다. 이런 시스템으로는 도시에서 대량으로 쏟아져 나오는 배설물을 효율적으로 처리하기 어렵다. 덧붙여, 현대인들이 거부감이나 불편함 없이 손쉽게 사용할 수 있어야 함은 물론이다.

넷째, 적절한 규모의 지역별 처리 시스템을 지향해야 한다. 그래야 거대 집중 시스템이 필연적으로 일으킬 수밖에 없는 낭비나 오염 등의 문제를 해결할 길이 열린다. 이는 하수처리 인프라의 입지나 불균형 등이 일으키는 지역간 갈등 같은 문제를 해소하고 배설물 처리의 부담을 실질적으로 분산하는 측면에서도 도움이 된다. 배설물 처리의 지역적 책임을 다하는 효과도 있다. 지역별 처리 시스템은 특히 일정 규모 이상의 공동체성을 구현하기에 용이하므로 재활용의 효율이나 효과를 높이는 데도 유리하고 공동체라는 사회적 가치를 함양하는 데도 도움이 될 수 있다.

이제껏 보았듯이, 완벽하게는 아니더라도 비비시스템은 이런 요건들을 얼추 구현하고 있다. 비비시스템은 그냥 이상적인 가치를 추구하는 실험인 게 아니다. 그 못지않게 실용성도 중시한다. 아니, 제대로 된 사회 변화를 이루기 위해서라도 실용성이 탄탄하게 밑받침되지 않으면 안 된다. 실용성은 여러 측면을 지니지만 무엇보다 중요한 것은 현실 적합성이다. 주어진 사회적 여건, 시대 흐름, 사람들 삶이 놓인 상황 등에 잘 들어맞아야 한다는 얘기다. 이 점에서 비비시스템은 값진 성취를 이루고 있다.

새로운 '똥의 길'과 함께

배설물이 나오면 누군가는 처리해야 한다. 현재의 시스템은 그 처리를 남한테 떠넘긴다. 내가 처리하기 곤란한 일을 그저 돈만 내고 남이 하도록 하는 것이다. 그래서 하수처리비용 같은 약간의 돈만 내면 내가 눈 똥의 존재를 금방 잊어버리게 된다. 그것이 어디서 어떻게 처리되는지 관심도 가지지 않는다. 돈만 내는 것으로 내 할 일을 끝내버리고 마는 것이니 결국은 돈이 똥을 처리하는 형국이다. 따지고 보면 남한테만 떠넘기는 게 아니다. 사회 전체에도 떠넘기고, 자연과 미래세대에도 떠넘긴다. 이런 망각과 무관심의 그늘 아래서 똥이 일으키는 오염과 낭비의 악순환은 끝없이 계속된다. 무책임하지 않은가? 이런 문제의식에서 보면 현재 시스템은 '무책임의 시스템'이라고 할 수 있다.

지금 시스템의 이런 무책임성은 본질적으로 똥을 아무런 쓸모도 가치도 없는 것으로 여기는 데서 비롯한다. 그러므로 무책임을 책임으로 바꾸는 길은 간단하다. 똥을 재활용하면 된다. 그런 재활용으로 사람과 자연 모두가 다양한 이득을 얻고 사회 전체와 미래세대까지 두루 혜택을 받는다면 그 책임의 가치나 의미는 더욱 커진다. 이 점에서 비비시스템은 '책임의 시스템'이라고 할 수 있다.

유념할 것은 똥의 가치나 의미를 관념적이고 당위적으로만 강조해서는 현실적인 설득력이 떨어진다는 점이다. 똥은 더러운 것이 아니고 귀중한 자연 순환의 산물이라는 식의 '이론적 계몽'만으로는 똥에 대한 고정관념이 바뀌기 어렵다. 이는 개인 차원에서도 그러하고 사회 차원에서도 그러하다. 그래서 실제로 똥이 가치 있게 바뀔 수 있다는 걸 보여주는 게 중요하다. 똥 자체가 아니라 똥에서 나온 에너지, 똥과 만난 흙, 똥으로 만들어진 퇴비 등을 일상에서 허물없이 접한다면 '더러운 똥'을 떠올리기보다는 똥이 이렇게도 쓸모가 있고 저렇게도 도움이 되는구나 하는 생각이 자연스럽게 들게 되리라는 것이다.

실제로 우리는 온갖 쓰레기들을 다양한 기술과 방법으로 재활용하기도 하고, 나아가서는 새로운 물건으로 재탄생시키기도 한다. 그리고 이렇게 해서 변화되거나 새롭게 만들어진 물건들을 아무런 거리낌 없이 잘만 사용한다. 이렇게 될 수 있는 것은, 처음엔 더러운 쓰레기였던 것이 여러 단계의 변화 과정을 거치면서 쓰레기로서의 정체성이나 외관은 사라지고 유용한 것으로 새롭게 거듭난 덕분이다. 폐식용유로 만든 비누를 사용할 때 우리는 폐식용유를 떠올리지 않고, 폐플라스틱으로 만든 옷을 입을 때도 폐플라스틱을 떠올리지 않는다. 그냥 비누와 옷으로 인식한다. 똥도 마찬가지 아닐까?

그동안 똥에게는 이런 자연스러운 변신의 기회가 주어지지 못했다. 그냥 물로 씻어 내리면 그만이었고, 그렇게 내 눈앞에서 사라진 뒤에는 하수처리장이라는 곳에서 과학적으로 처리되는 것으로 여겨졌다. 다른 쓰레기들은 그렇게 잘도 재활용하고 공들여 재탄생시키면서도 정작 내 몸에서 나온 똥에 대해서는 그러지 못했다. 이제 똥한테도 이런 다양한 변화와 재탄생의 기회가 주어진다면 똥에 대한 생각과 느낌도 달라지지 않을까? 똥을 긍정적으로 받아들이고 친숙하게 대할 수 있는 마음의 여유 같은 게 생겨나지 않을까? 더 나아간다면 그 과정에서 새로운 성찰이나 깨달음의 계기도 마련될 수 있지 않을까? 이런 변화에 길목에 놓여 있는 것이 비비시스템이다.

꿈이 아무리 드높고 간절해도 그것이 꿈으로만 그친다면 안타까운 일이다. 정말 중요한 일은 비비시스템을 말이나 이론으로만 알리는 게 아니라 현실에 직접 적용하는 것이다. 그러니 이제 비비시스템에 주어진 과제는 사회적 확산이다. 그래야 순환도, 재생도, 살림과 인간의 존엄성도 온전히 실현될 수 있다.

세계적으로 볼 때 바이오에너지나 자원 재활용에 대한 관심이 갈수록 높아지고 있다. 이와 연관된 과학기술의 발전도 눈부시게 이루어지고 있다. 기후변화를 비롯한 지구 환경위기와 에너지 위기, 자원 위기 등이 중첩되면서 이런 흐름은 더 두드러질 전망이다. 세계 여러 나라에서 녹색 뉴딜 바람이 불고 있는 것도 이와 관련이 깊다.

특히 지금은 코로나19 사태가 끝도 없이 계속되고 있다. 이 전대미문의 팬데믹 시대를 고통스럽게 통과하면서 여태껏 우리가 살아온 방식을 근원적이고도 전면적으로 바꾸지 않으면 안 된다는 목소리가 갈수록 높아지고 있다. 이는 경제나 환경 등 특정 분야에 국한되는 얘기가 아니다. 개인·사회·국가·문명 등 모든 차원을 아우른다.

그러므로 지금은 그동안 당연하다고 여겨온 것들, 익숙하게 길든 것들과 결별해야 할 때다. 기존의 지배적인 시스템이나 사고방식을 뿌리에서부터 성찰하고 이를 바탕으로 새로운 변화를 꾀해야 할 때다. 비비시스템은 이런 현실에 도전하면서 새로운 미래의 한 자락을 열고자 한다.

미래로 열린 길

비비시스템을 관통하는 중요한 개념이 또 한 가지 있다. '똥본위화폐'라는 게 그것이다. 아마도 무척 생소하게 들릴 것이다. 비비시스템의 대중화와 현실 적용을 촉진하기 위해, 나아가 비비시스템으로 이루고자 하는 목적과 여기에 담긴 의미를 보다 온전히 구현하기 위해 창안한 독특한 아이디어가 똥본위화폐다.(이 책에선 '맛보기' 정도에 그치고, 별도의 후속권에서 아주 상세히 다룰 예정이다.)

똥본위화폐(fSM, Feces Standard Money)란 발상은 금을 가치 기준

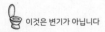

으로 삼는 금본위화폐에 빗대 똥을 가치 기준으로 삼아 새로운 개념의 화폐를 만들어보자는 생각에서 싹텄다. 똥은 다양한 가치를 창출한다. 에너지와 퇴비를 만들어낼 뿐만 아니라 여러 환경적·경제적·사회적 가치 등을 산출한다. 똥본위화폐는 똥에 이런 가치를 부여해보자는 것이다. 똥에 돈이라는 옷을 입히는 것이다.

그러므로 이것은 실물로서 존재하는 돈이 아니다. 이 화폐가 나타내는 가치는 노동의 가치도 아니고 자본의 가치도 아닌 생명 가치다. 살아 있는 사람이라면 누구나 똥을 누므로 인간 존재와 살아 있음 자체를 존중하는 데 의미를 두는 일종의 대안화폐라고 할 수 있다. 인간 생명의 가장 원초적인 행위가 새로운 화폐 가치의 기준이 되는 것이다.

이런 아이디어의 바탕에는 급변하는 시대 상황이 놓여 있다. 최근 제4차 산업혁명이 본격화하고 디지털 인공지능 시대가 열리고 있다는 목소리가 드높다. 그 와중에 인간·노동·자본 등 여러 측면에서 근원적이고도 급격한 변화가 일어날 가능성이 높아지고 있다. 특히 인공지능이 전면적으로 떠오르면서 인간의 노동이 어떤 운명에 처할지를 둘러싼 논란이 뜨겁다. 인공지능이 기존의 직업이나 일자리들을 대신하게 됨으로써 아무리 인간 노동이 숭고하더라도 그 가치가 더 이상 통하지 않거나 크게 떨어지는 세상이 올 것이라는 전망이 대표적이다. 인간을 중심에 놓는 새로운 가치 기준이 필요해지는 것은 이런 배경에서다.

똥은 이런 가치 기준에 부합한다. 인공지능과 기계에는 없고 오직 인간만이 가진 것, 모든 사람이 평등하게 가진 것, 누구나 가지고 있지만 소중한 것으로도 바뀔 수 있다. 뜬금없어 보일지 모르지만, 바로 이런 똥을 돈으로 변신시켜 활용하자는 것이 똥본위화폐라는 발상이다. 사람들은 똥은 싫어하지만 돈은 가지고 싶어 한다. 똥이 비비시스템을 거치면서 만들어낸 여러 가치를 일종의 화폐로 전환한 것이다. 특히 이 새로운 돈은 경제적 가치뿐만 아니라 새로운 연결과 관계를 만들어내기 때문에 여러 사회적 가치를 실현하는 데도 큰 도움이 된다.

똥본위화폐는 현금으로 바꿀 수는 없다. 하지만 똥본위화폐로 연결된 일정 지역 공동체 안에서는 현금처럼 사용할 수 있다. 이렇듯 똥에 담긴 가치를 그저 추상적으로만 받아들이는 게 아니라 돈으로 바꿔 사용한다면 이것으로 할 수 있는 일은 더욱 많아진다. 그 결과 똥본위화폐 사용자들의 생활 또한 훨씬 즐거워지고 풍요로워진다. 신나는 상상이다.

이런 세상도 가능하다

상상의 나래를 펼쳐보자. 어떤 도시의 아파트 단지나 단독주택들이 모여 있는 마을에 비비시스템이 설치·운영되어 똥이 가스와 전기를 생산한다. 퇴비도 만들어낸다. 물론 주민들은 초기엔 비비시스템 설치에 따른 비용을 어느 정도 부담해야 할 수도 있다. 하지만 시간이 지날수록 그 비용은 회수되고 가스요금·전기요금·수도요금 등이 절감되는 것과 같은 경제적 이득을 누리게 된다.

더 나아가 똥이 에너지나 퇴비 등의 형태로 만들어준 새로운 가치를 주민들에게 똥본위화폐를 지역화폐로 나눠준다. 주민들 스스로 그 가치를 만들어낸 것이니 그들은 받을 자격이 있다.

이것이 실현된다면 이제 아파트 주민들은 자신들의 배설물로 만들어진 전기로 자신의 전기자동차를 충전하고 그 값을 이 지역화폐로 치를 수 있다. 아파트 상가의 식당에서도 아파트 단지에서 생산된 전기를 이용하여 요리를 하고, 음식 값의 일부는 또 지역화폐로도 받는다. 아파트 단지 내 반려견들의 똥도 바이오에너지 생산시설로 가면 에너지로 바뀔 수 있다. 이렇게 되면 주민들은 반려견들과도 새로운 방식으로 연결된다.

새로운 경험을 하게 된 아파트 주민들은 똥뿐만 아니라 음식물 쓰레기도 바이오에너지를 만들어내는 미생물의 훌륭한 먹이가 된다는 것을 알게 된다. 그래서 자기 집에서 나오는 음식물 쓰레기를 에너지 생산에 활용하는 것은 물론 인근의 다른 주민들에게도 음식물 쓰레기로 에너지를 함께 만들자고 제안하게 된다. 그 결과 인근 주민들이 음식물 쓰레기를 가져오면 그 양만큼 지역화폐를 나눠준다. 이제 인근 주민들도 아파트 안에 있는 전기 충전 시설을 그 지역화폐로 사용할 수 있게 된다.

아울러 아파트 주민들과 인근 주민들 중에 텃밭 농사를 하는 사람들이 많다고 해보자. 실제로 요즘 도시 사람들 사이에 주말농장 같은 도시농업은 큰 인기를 끌고 있다. 비비시스템 아래서 이들 도시농업인들은 자신들이 재배하고 수확한 채소를 지역화폐를 받고 다른 사람들에게 판매한다. 에너지를 만들고 남은 똥과 음식물 쓰레기는 퇴비로 만들어져 지역화폐로 거래된다.

뿐만이 아니다. 아파트와 인근 지역의 은퇴한 교사들은 지역 아동들의 방과후 돌봄교사로 일하고 임금은 지역화폐로 받는다. 인근 카페에서도 메뉴의 일부를 지역화폐로 지불할 수 있도록 사업 모델을 바꾼다. 지역화폐를 받아주는 카페가 인기를 끌자 일반 화폐를 이용하는 손님도 덩달아 늘어난다. 그러자 근처에 있는 대형 극장에서도 지역화폐에 관심을 가지기 시작한다.

이런 일들이 연쇄적으로 일어나면서 시너지 효과를 일으킨다면 지역이 바뀌고 생활이 바뀌지 않을까? 아파트 단지를 넘어 어느 도시가 이런 식으로 운영된다면 시민들은 서로가 서로를 지금과는 다르게 느끼지 않을까? 나아가서는 새로운 경제 모델의 자그만 씨앗이 될 수도 있지 않을까?

비비시스템이 일으키는 이런 변화의 물결 속에서 도시와 사람들의 삶은 새로워진다. 똥과 에너지와 물의 새로운 흐름이 도시에 새로운 숨결을 불어넣고 새로운 무늬를 새긴다. 처음엔 이질감이나 거부감 같은 것이 느껴질 수도 있다. 하지만 서서히 적응하면서 익숙해진다. 그러면서 사람들은 새로운 삶의 문법을 익히게 되고 새로운 도시의 주인공으로 변모해간다.

이런 이야기가 지금은 낭만적인 공상으로 들릴 수 있다. 그러나 미

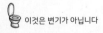
이것은 변기가 아닙니다

래로 가는 길은 다양하다. 세상과 삶의 변화를 이끄는 요소 또한 많다. 여기서 펼친 이야기는 그중 하나로, 미래에 대한 상상과 소망의 한 자락을 그려본 것이다. 수세식 변기와 거대 하수처리장으로 요약되는 현재의 배설물 처리 시스템이 어떤 문제를 안고 있는지는 앞에서 충분히 확인했다. 그렇다면 이를 마냥 내버려두는 게 온당한가? 발상의 전환과 새로운 도전이 어디에선가는 이루어져야 하지 않을까? 비비시스템은 이를 위한 안간힘의 하나다.

코로나19 사태를 겪으면서 우리는 이미 지역화폐 형태로 지급된 재난지원금을 일상에서 사용해본 경험도 있다. 물론 우리가 쓴 대개의 지역화폐는 단순할 뿐만 아니라 기존 화폐와 크게 다르지 않은 지역상품권 형태여서 한계는 있다. 하지만 강조하고 싶은 것은, 전통적인 돈이 아닌 지역화폐를 자연스럽게 쓰듯이 똥본위화폐 같은 '낯선 돈'도 우리 생활 속에 얼마든지 뿌리내릴 수 있다는 점이다. 게다가 똥본위화폐를 꼭 지역화폐 형태로만 쓸 수 있는 건 아니다. 다양한 형태와 방법으로 활용할 수 있다. 비비시스템이 많은 곳에 보급되고 이에 따라 똥본위화폐 사용자가 늘어난다면 똥본위화폐는 '생활 속 친구'처럼 허물없이 다가올 수 있다.

우리는 이미 수세식 화장실과 기존 하수처리 시스템을 이용하면서 하수처리비용 같은 돈을 부담하고 있다. 오염과 낭비를 일으키면서 돈까지 지불하고 있는 것이다. 이 돈은 내 똥을 최대한 멀리 치워주는 서비스를 제공받은 대가다. 비비시스템에서는 이것이 뒤바뀐다. 수많은 '좋은 일'을 하면서 돈까지 벌 수 있다. 자본가는 자본으로 돈을 벌고 노동자는 노동으로 돈을 벌고 건물주는 부동산으로 돈을 벌지만, 이 돈은 똥만 누면 벌 수 있다.

내가 눈 똥이 에너지를 비롯한 여러 가치를 창출함으로써 다양한 경제행위나 사회활동을 할 수 있는 새로운 틀과 동력을 제공해주는 것이 똥본위화폐다. 똥이 만들어내는 돈을 바탕으로 순환의 사회경제 시스템과 상생의 공동체를 현실에서 이루어내고자 하는 것, 그럼으로써 모두가 행복한 세상을 만들자는 것, 이것이 비비시스템으로 이루고자 하는 일이다.

비비시스템이 현실에 뿌리내리려면

똥을 가치 기준으로 하는 화폐를 만들어보자는 발상은, 비비시스템의 원리·가치·효과 등을 이해하게 되었더라도 이를 실제로 사용한다는 것은 생각만큼 쉬운 일이 아니란 데서 그 의미를 찾을 수 있다. 아무리 좋고 의미 있는 것을 새롭게 만들어놓아도 기존의 것을 바꾸는 데는 인색한 것이 인지상정이다. 이런 경로의존성은 과학기술적 창안과 실제 삶의 변화 사이에 장애물로 작용하는 경우가 흔하다.

여기서 고려해야 할 점이 있다. 비비시스템도 시스템이라는 사실이 그것이다. 시스템은 누가 혼자 결심한다고 바뀌지 않는다. 여럿이 함께해야 한다. 여기서 '함께함'의 크기는 가족이나 마을공동체 수준을 넘어선다. 사회 시스템은 사회 구성원 대다수가 만드는 것이기 때문이다. 이런 사회 시스템을 바꾸는 건 뭘까? 그것은 구성원들의 소통과 연결이다. 똥본위화폐란 아이디어가 중요한 이유가 여기에 있다.

사람들은 언어로도 소통하지만, 돈도 소통의 수단이 된다. 비비시스템이 뿌리내리는 데 똥본위화폐라는 '새로운 돈'이 큰 역할을 할 수 있는 것은 이를 통해 교류와 소통이 이루어질 수 있어서다. 돈은 돈인데 가치의 기준 혹은 원천이 기존 화폐와는 달리 똥을 누는 사람에게 있다. 동시에, 똥이 순환하는 곳은 자연 생태계이므로 그 똥에서 말미암은 돈도 자연스럽게 순환하게 된다. 이렇게 똥을 기반으로 하는 화폐가 가능케 해주는 이런 소통에 힘입어 비비시스템은 우리 삶 속으로 보다 손쉽게 들어올 수 있으리라 기대된다. 사실 아무리 소중한 가치와 의미를 지녔더라도 똥 자체를 앞세우면 불편함이나 거리감 같은 것을 느낄 가능성이 있다. 그러나 돈은 그렇지 않다.

똥본위화폐는 지역화폐처럼 일상생활에서 다양한 용도로 사용할 수 있을 뿐만 아니라, 이 과정에서 생성되는 관계와 연결을 통해 사람들 사이에 새로운 소통의 길도 열어줄 수 있다. 한 박자 더 생각해보면 비비시스템에서 이루어지는 이 소통은 사람들 사이는 물론 사람과 자연 사이의 소통이기도 하다. 곧 이런 새로운 화폐로서 비비시스템의 대중화에 필요한 실용적인 효능과 비비시스템으로 일구고자 하는 가치를 동시에 품고자 하는 것이다.

혹여 이런 의문을 제기하는 사람이 있을지도 모르겠다. 기왕에 많은 비용을 들여 사람 배설물과 하수를 처리하는 시스템을 갖춰놓고서 잘 사용하고 있는데 굳이 이런 낯선 도전이나 실험에 나설 필요가 있느냐고 말이다. 수긍하지 못할 얘기는 아니다. 그러나 익숙한 '기존의 것'이 얼마나 심각한 폐해를 일으키는지는 이미 충분히 확인했다. 대안이 없다면 또 모른다. 하지만 이제 여기, 비비시스템이란 새로운 대안이 있다. 이를 실천할 검증된 수단과 방법, 기술과 시스템도 이미 갖춰져 있다. 더 나아가, 이것의 대중화를 위한 대안화폐 아이디어도 있다.

물론 세상의 밑바닥에는 여전히 낯선 것에 대한 거부감 혹은 가보지 않은 길에 대한 불안감 같은 것이 짙게 깔려 있다. 때문에 비비시스템이 내고자 하는 새로운 똥의 길이 탄탄대로는 아닐 것이다. 발상의 전환을 억누르는 낡은 고정관념, 진취적 시도를 가로막는 묵은 관행, 편하게 길든 기존 시스템을 깨는 것은 여전히 숙제로 남아 있다.

이에 대한 답은 이미 마련돼 있다. 바로 새로운 상상력과 담대한 용기다.

맺음말

장성익

똥이 오래전에는 농사짓는 데 귀한 거름으로 쓰였다는 건 모두가 아는 사실이다. 똥으로 에너지를 만들어낼 수 있다는 것 또한 그리 새로운 이야기는 아니다. 그런데도 똥이 지닌 가치는 마냥 무관심의 그늘 아래서 방치돼왔다. 나 또한 예외가 아니었다. 오랫동안 '환경'과 관련된 이런저런 일을 해오면서도 특별히 똥에 주목해본 적은 없는 듯하다. 수세식 변기와 거대 하수처리시설 등으로 상징되는 현재의 똥 처리 시스템에 워낙 깊이 길든 탓이리라. 그 바람에 똥에 관해서는 다른 상상을 해볼 기회나 계기가 없었다. 아니, 더 정확하게는 별다른 관심이나 문제의식 자체가 없었다고 해야 할 것이다.

비비시스템은 이렇듯 금기와 혐오의 울타리에 갇혀 있던 똥의 가치를 재발견하고 재조명해냈다. 이로써 똥은 다양한 에너지와 자원으로 변신하여 재생과 순환, 생산과 창조의 주역으로 거듭난다. 이런 일을 비비시스템에서는 누구나 아주 쉽게 할 수 있다. 기존의 수세식 화장실과 마찬가지로 그냥 변기에 걸터앉아 똥을 누기만 하면 된다. 이 단순한 행위만으로도 나는 에너지와 자원의 생산자가 된다. 나아가 비비시스템이 꿈꾸는 생태순환경제와 지속가능한 사회를 만드는 데도 동참하게 된다.

비비시스템이 이런 신통한 열매를 맺을 수 있었던 것은 생태적 가치 지향에 과학기술의 성과가 적절하게 결합된 덕분이다. 오늘날 과학기술은 파괴적 위험도 제 몸에 담고 있어 이를 경계하는 목소리도 높다. 나 역시 환경 분야에 천착해오면서 기본적으로 이 입장에 선다. 그렇지만 이 지구를 망가뜨린 주범이 인간의 문명이라고 해서 문명의 산물을 죄악시 할 수는 없잖은가.

이를 위해 필요한 건 뭘까? 겸손과 공생의 철학. 나는 바로 이것이라고 생각한다. 자연, 인간, 생명, 사회 등에 대해 겸손하고 이들과 조화롭게 공생하는 과학기술이 요청된다. 비비시스템이 구현한 과학기술이 이런 종류의 것이며, 이 책을 함께 써가는 동안 내가 가장 인상 깊게 느낀 점도 이것이다.

전대미문의 코로나 팬데믹과 전지구적인 기후위기를 겪으면서 '녹색 전환'의 흐름은 이제 거스르기 힘든 대세가 되고 있다. 이런 변화의 물결 속에서 에너지 전환과 관련해서는 재생에너지가 단연 선두주자로 나서고 있다. 재생에너지의 쌍두마차는 햇빛과 바람이다. 똥과 마찬가지로 이것들도 에너지원이다. 그런데 햇빛이나 바람은 에너지원으로 이용하지 않아도 자연 그대로 존재한다. 아무런 문제가 없다. 똥은 다르다. 이용하지 않으면 치워야 한다. 그러지 않으면 위생적으로나 사회적으로 큰 문제가 발생한다.

이제 똥은 두 갈래 길 가운데 하나를 갈 수밖에 없다. 쓰레기로 버려지는 게 아닌, 에너지와 자원으로 태어나는 재활용의 길. 누구한테서나 거의 매일 나온다는 점에서 어쩌면 햇빛이나 바람보다 더 지속 가능하고 안정적인 자원이라고 해야 할지 모르겠다. 유가 변동이나 경제 상황, 국제 정세 등에 영향을 받지도 않는다. 이런 양질의 '보물단지'를 외면하거나 내팽개쳐둘 이유가 어디에 있는가?

물론 비비시스템은 작은 출발점에 지나지 않는다. 하지만 이런 노력들이 다채롭게 모이고 쌓인다면 나름으로 사회 변화의 마중물 가운데 하나가 될 수 있지 않을까? 숲에 떨어진 빗방울들이 모여서 종당에는 거대한 호수도 되듯이, 매일같이 내가 누는 똥이 세상을 바꾸는 데 일조하는 하나의 빗방울이 될 수 있다면! 이는 상상만으로도 유쾌한 일 아닌가. 혁명은 변기에서도 시작될 수 있다.

#만화로_이해하는_비비시스템

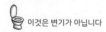

이것은 변기가 아닙니다

저장된 바이오가스는 가스레인지와 보일러의 연료로 사용된 답니다.

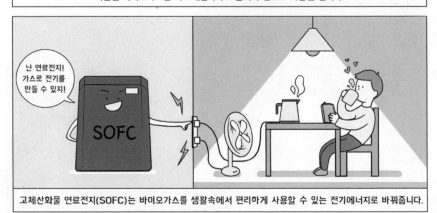

난 연료전지!
가스로 전기를
만들 수 있지!

SOFC

고체산화물 연료전지(SOFC)는 바이오가스를 생활속에서 편리하게 사용할 수 있는 전기에너지로 바꿔줍니다.

똥으로 이 모든 게
가능하다는게 신기해요!
대단해!

시설만 갖춰지면
버려지는 똥을 가치있게
순환시킬 수 있다구요!
제 풀네임이
황금똥이라고
말씀드렸던가요?

하핫

모두가 함께 노력하면 쾌적한 환경을 만들고
새로운 가치를 만들 수 있어요!

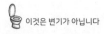

#비비시스템_이렇게_생겼다

※이 비비시스템 시설들은 유니스트(울산과학기술원)의 생활형 연구소인 '과일집'에 설치된 것이다. 여기서는 일부 핵심 시설만 소개했다. 과일집에 방문하면 비비시스템의 전체 모습을 확인할 수 있다.

① 비비변기

비비화장실에서는 진공펌프를 이용하여 똥을 빨아들여 지하탱크에 모읍니다.

싱크대의 분쇄기로 분쇄된 음식물 쓰레기도 똥과 함께 지하탱크에 저장됩니다.

② 혐기성 미생물 소화조

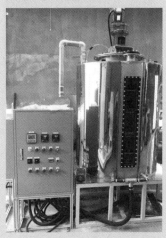

유기성폐기물을 혐기소화조에 넣으면, 산소를 싫어하는 혐기성 미생물이 이 속에서 똥과 음식물 쓰레기를 먹이로 하여 바이오가스(메탄)를 만듭니다.

③ 잔여물 처리 및 퇴비 저장조

미생물 분해를 마치고 배출한 찌꺼기를 저장합니다. 위의 액체(상등액)는 분리하여 액비로 활용하고, 상등액을 걷어내면 고체 성분은 공기와 닿아 퇴비화가 진행됩니다.

④ 바이오가스 압축장치

바이오가스의 부피를 줄여 많은 양의 가스를
안정적으로 공급할 수 있도록 해주고,
가스를 쉽게 보관할 수 있게 해줍니다.

⑤ 바이오가스 저장소

저장된 바이오가스는 난방과 발전용으로 활용됩니다.

⑥ 고체산화물 연료전지(SOFC)

고체산화물 연료전지(SOFC)는 메탄을 원료로 전기를
만드는 고효율 장치입니다.